技术与文明

元宇宙、虚拟时空与数字化的未来

刘志毅 吕巍 李哲峰 ◎ 著

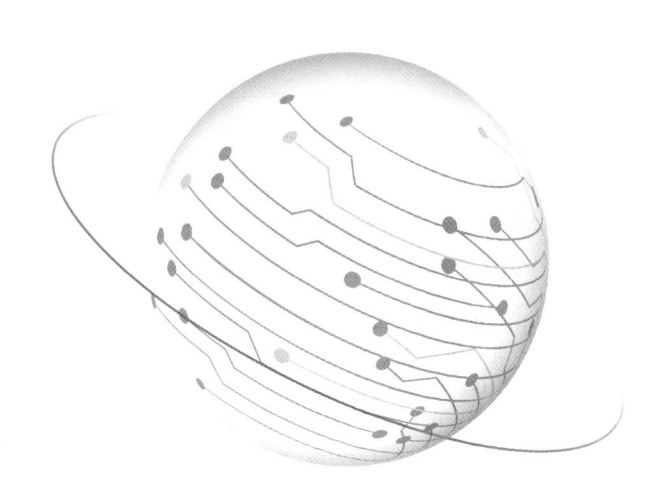

清华大学出版社
北京

内 容 简 介

本书是一部探讨元宇宙理念、科技基础、文化艺术、社会互动、感知体验、哲学伦理以及挑战与未来的深度学术著作，兼具学术性和通识性。

本书首先定义了元宇宙的概念和生态，解析了构建元宇宙的科技基石，深度探讨了艺术与文化在元宇宙中的数字重生，以及元宇宙中的社会互动和身份认同；接着分析了元宇宙中的多感知体验和元宇宙哲学，讨论了元宇宙面临的挑战与未来；最后提出元宇宙的全球愿景，并展望了元宇宙与人类的共同命运。

本书适合对元宇宙有深度兴趣的学者和研究者，以及对虚拟现实、数字艺术、人工智能等领域感兴趣的读者。本书以严谨的学术态度，逻辑清晰地梳理了元宇宙的各方面，旨在引发读者对元宇宙与现实关系进行深入思考。

版权所有，侵权必究。举报：010-62782989，beiqinquan@tup.tsinghua.edu.cn。

图书在版编目（CIP）数据

技术与文明：元宇宙、虚拟时空与数字化的未来 / 刘志毅，吕巍，李哲峰著.
北京：清华大学出版社, 2025.5. -- ISBN 978-7-302-68871-6
　Ⅰ.N49
中国国家版本馆CIP数据核字第2025N3K582号

策划编辑：	白立军
责任编辑：	杨　帆　常建丽
封面设计：	杨玉兰
责任校对：	刘惠林
责任印制：	宋　林

出版发行：清华大学出版社
　　　　　网　　　址：https://www.tup.com.cn，https://www.wqxuetang.com
　　　　　地　　　址：北京清华大学学研大厦A座　　邮　　编：100084
　　　　　社 总 机：010-83470000　　邮　　购：010-62786544
　　　　　投稿与读者服务：010-62776969，c-service@tup.tsinghua.edu.cn
　　　　　质 量 反 馈：010-62772015，zhiliang@tup.tsinghua.edu.cn
　　　　　课 件 下 载：https://www.tup.com.cn，010-83470236
印 装 者：三河市龙大印装有限公司
经　　销：全国新华书店
开　　本：148mm×210mm　　印　　张：8.875　　字　　数：257千字
版　　次：2025年6月第1版　　印　　次：2025年6月第1次印刷
定　　价：69.00元

产品编号：098365-01

前言

"元宇宙"的概念,自 1992 年尼尔·斯蒂芬森的科幻小说《雪崩》(*Snow Crash*)中首次被提出以来,经历了 30 多年的发展。然而,直到近年来,随着虚拟现实、增强现实等技术的飞速发展,以及沙盒游戏平台 Roblox 等公司的成功上市,这个概念才真正引起全球范围的关注。如今,"元宇宙"已经从科幻小说的概念,转变为一个具有广泛影响力的现实主题,预示着我们即将进入一个全新的时代。

对于"元宇宙"的定义,目前学界普遍认同的观点是,它是一个平行于现实世界,又独立于现实世界的虚拟空间。正如《维基百科》所描述,元宇宙是通过虚拟增强的物理现实,呈现收敛性和物理持久性特征的,基于未来互联网的,具有链接感知和共享特征的 3D 虚拟空间。这种虚拟空间不仅可以映射现实世界,而且还可以构建一个越来越真实的数字虚拟世界。参考马克思对技术哲学的思考,我们可以进一步探讨的是,这个越来越真实的数字虚拟世界是否可能导致人类进一步异化?以及,在元宇宙中,技术的角色和影响是什么?马克思的异化理论提出,工业社会中的劳动者在生产过程中可能对其生产的产品、自我、他人以及人类的本质产生疏离感。类似地,如果我们过于依赖或沉迷于元宇宙,我们可能会对现实世界、自我、他人以及人类的本质产生更深的疏离和异化。同时,技术在元宇宙中起着至关重要的作用,它不仅构建和维护元宇宙,也可能改变我们的行为和思考方式,甚至可能塑造我们的价值观。因此,我们需要对元宇宙进行深入的研究和反思,以确保我们在享受元宇宙带来的便利和乐趣的同时,也能够防止可能出现的异化现象,并能够正确地理解和应对技术在元宇宙中的角色和影响。

元宇宙的概念虽然源于科幻小说,但其发展和形成是建立在现实的科技基础之上的。从信息革命、互联网革命、人工智能革命,到虚拟现实技术革命,这些技术的发展都为元宇宙的诞生提供了必要的条件。因此可以说,元宇宙是科技进步的产物,是我们对虚拟世界的一种新的理解和认知。然而,元宇宙的影响力并未止步于此。它不仅改变了我们的生活方式和社交模式,还对我们的哲学观念、社会结构，甚至对我们的身份认同也产生了深远的影响。在这方面，博德里亚尔在《在沉默的大多数的阴影下》中对虚拟现实的看法，以及他对社会大众的观察，提供了深刻的洞察，可以帮助我们探讨元宇宙可能对社会大众产生的影响。博德里亚尔的理论强调了虚拟现实可能对人类社会的冲击，他认为虚拟现实可能会削弱人们对现实世界的感知，导致人们逐渐沉浸在虚拟世界中，从而忽视现实世界的存在。在元宇宙的背景下，这种看法尤其值得关注。因此，我们需要对元宇宙进行深入的思考和探索，以理解它可能对我们的社会、文化甚至个体自我产生的影响。

首先，元宇宙无疑对我们的生活方式产生了深远的影响。在元宇宙中，我们被赋予了无尽的自由去探索、创新，甚至有能力创造出全新的世界。这种自由探索和创新的可能性，为我们提供了一个全新的视角来探索人类对自我和宇宙的理解。从社会学和人类学的角度看，元宇宙的出现推动了社交习惯和行为模式的转变。犹如霍华德·莱茵戈尔德在《虚拟社区：电子边疆的开拓者》（The Virtual Community: Homesteading on the Electronic Frontier）一书中描述的，虚拟社区已经成为人们社交、交流、学习、工作的重要空间，与现实社区一样具有深远的影响。然而，我们也可以从哲学家尼采的观点审视元宇宙对我们生活方式的影响。尼采主张"超人"的理念，强调个体的自由、创新和对新的价值观的探索。在元宇宙中，人们有更大的自由度去探索和创新，这无疑为实现尼采的"超人"理念提供了可能。同时，我们也需要警惕，过度的虚拟化可能导致人们对现实世界的疏离，甚至可能会对人的身心健康带来负面影响。因此，我们在享受元宇宙带来的便利和乐趣的同时，也要保持与现实世界的联系，维护我们的身心健康。

其次，元宇宙对我们的社会结构产生的影响同样深远。在元宇宙的环境中，传统的社会阶层和权力结构可能发生根本性的变革。例如，元宇宙中的虚拟身份和虚拟财富可能对现实世界中的社会地位和经济差距产生深远的影响。从社会学和经济学的角度看，元宇宙可能对我们的经济结构和财富分配带来重大的改变。例如，可以参考经济社会学的研究，探究元宇宙是如何影响我们的经济结构和财富分配的。在此基础上，法国社会学家皮埃尔·布尔迪厄的"社会场域"理论也为我们理解元宇宙的社会影响提供了理论工具。他的理论强调了社会空间中不同的权力和资本的竞争和分配。在元宇宙中，这种竞争和分配可能会以全新的方式出现，例如虚拟财富和虚拟身份的竞争和分配，可能重塑我们的社会地位和权力结构。然而，这也带来了新的问题和挑战。比如，如何保证元宇宙中的权力和财富分配的公平性？如何防止虚拟财富和虚拟身份的垄断和不平等？这些都是我们在构建元宇宙时需要深入思考和解决的问题。

最后，元宇宙也对我们的哲学观念产生了深远的影响。在元宇宙的背景下，传统的存在主义和实体主义可能面临重新审视和挑战。例如，元宇宙中的虚拟实体和虚拟事件可能会对我们的存在观和实体观产生深刻的影响。

从哲学角度来看，元宇宙可能对我们的哲学观念带来深远的影响。我们可以参考萨特的《存在与虚无：现象学的尝试》（Being and Nothingness: An Essay on Phenomenological Ontology），探索元宇宙是如何改变我们的哲学观念的。萨特的存在主义哲学强调存在先于本质，人是在世界中通过自己的行动创造自己的本质。在元宇宙中，这种观念可能得到新的启示和理解。例如，虚拟身份的创建和发展，以及虚拟世界中的行动和交互，可能对我们的存在观和实体观产生深远的影响。

总的来说，元宇宙是我们新的探索领域，是我们对理想世界的新的设想和追求，是我们对文化、艺术和科技结合的最高典范。在这个全新的领域中，我们有机会重新塑造我们的社会秩序，探索新的道德规范，甚至重新定义我们的存在方式。因此，对元宇宙的研究，无疑是我们对未来的一种重要的思考和探索。本书就是对元宇宙各方面的探索，元宇宙的发展并不只是技术的革新，更是社会、文化和哲学的进步。它将颠覆我们对生活、工作和社交的传统认知，重新定义我们的身份和存在方式。元宇宙的诞生，预示着一个全新时代的到来，这是一个充满无限可能和机遇的时代。希望通过全面深入探讨元宇宙的概念与实践，并揭示其对未来社会影响的专著，让各位理解这一技术概念对人类未来文明发展的深刻影响。

作者

2025 年 2 月

01 第1章
元宇宙的构想与生态
——定义新维度　001

1.1　元宇宙的哲学探源：探究虚拟现实在人类发展史上的地位与作用　002

1.2　数字社会学：揭示技术如何塑造社会结构与人类行为　015

1.3　信息与复杂性：解读支撑元宇宙的核心技术和算法　030

02 第2章
构筑元宇宙的科技基石　037

2.1　仿真世界的核心：探究计算机图形学与渲染技术的最新进展　038

2.2　生命模拟与系统复杂性：评估生物启发计算在元宇宙中的应用　048

2.3　新时代的网络基础：从信息网络到量子计算的革新　052

03 第 3 章
艺术与文化的数字重生　059

3.1　数字艺术与元宇宙：从传统到创新的审美革命　060

3.2　虚拟身份与叙事：讨论叙事理论在元宇宙中的新形式　069

3.3　音乐与声学：从实验室到虚拟音乐厅的声音科学　079

04 第 4 章
社会透镜：元宇宙中的社会互动与身份　089

4.1　自我理论与虚拟身份构建：从数字化构建到隐私保障　090

4.2　数字社会学与群体行为：从虚拟构建到深度情感　100

4.3　虚拟经济与价值交换：虚拟交易的新纪元　108

05 第 5 章
多感知的元宇宙——构建综合体验　119

5.1　感官心理学：整合视觉与听觉的新方法　120

5.2 人机交互的未来：仿生学在重建触觉与嗅觉中的应用　128

5.3 元宇宙的跨模态交互：构建、理解与情感连接　136

06 第 6 章
元宇宙哲学——现实的新认识论　145

6.1 真实与虚构的新界限：探索虚拟现实背后的哲学与伦理　146

6.2 意识与存在的数字化：评估虚拟存在对个体意识的影响　154

6.3 数字伦理与治理：建立虚拟环境中的伦理框架　164

07 第 7 章
元宇宙的挑战与未来　171

7.1 技术的极限与创新：评估后摩尔时代的挑战与机遇　172

7.2 全球化与文化冲突：从元宇宙视角看多元文化主义　177

7.3 数字政策与法规：推动知识产权与监管政策的发展　181

08 第 8 章
从元宇宙到现实——技术的反馈与应用　189

8.1　元宇宙技术与现实生活：从虚拟到实体的跨界实践　190

8.2　元宇宙与未来的教育与职业：虚拟世界中的学习与工作　198

8.3　元宇宙的娱乐与生活：虚拟空间的多彩体验与社交连接　206

09 第 9 章
未来展望——元宇宙与人类的共同命运　213

9.1　推动技术创新：元宇宙如何形塑未来社会的科技革命　214

9.2　社会变革与适应：数字化转型如何影响社会结构和文明进程　222

9.3　知识体系的新构建：哲学与科学在元宇宙中的融合　232

第 10 章
元宇宙治理与可持续未来　243

10.1　技术反思：从元宇宙角度审视技术发展的历史与未来　244

10.2　元宇宙的潜力与风险：未来社会面临的挑战与机遇　255

10.3　共生与进化：探索与元宇宙共同成长的新文明模式　263

第1章

元宇宙的构想与生态
——定义新维度

01

1.1 元宇宙的哲学探源：探究虚拟现实在人类发展史上的地位与作用

当我们提及"元宇宙"，这个词汇似乎带有神秘的色彩，如同科幻小说中的概念。其实，元宇宙这个概念已经在我们的文化、技术，甚至社会心理中悄无声息地生根、发芽。为了更深入地理解它的起源，我们需要从多个角度探索它。

1.1.1 文化背景下的元宇宙

自古以来，人类一直渴望超越物质现实，探索理想世界的可能性。这种渴望在各种文化和艺术表达中得到了体现，并在数字技术和元宇宙概念的推动下得到了延续和发展。元宇宙，作为人类对真实与虚构、个体与社会重新定义和理解的产物，凝聚了文化、文学、艺术与科技的交汇。

古代神话和传说为理想世界的构想提供了源泉。例如，《桃花源记》中的乌托邦和"亚特兰蒂斯"的失落文明，揭示了人类对完美世界的向往，既是一个与现实世界隔离的存在，也是对和谐生活的追求。这些神话和传说为元宇宙的构想提供了文化根基，并激发了后世文学与艺术作品的创作灵感。

文学与艺术的发展进一步推动了人类对理想世界的探索。例如，《指环王》和《哈利·波特》等作品不仅为我们塑造了丰富的虚构世界，更在其中深入探讨了道德、权力、爱与牺牲等核心主题，为我们理解元宇宙提供了更深层次的思考。这些作品承载了作者对人类内心世界的探索，反映了人类对理想社会的憧憬与追求。

与此同时，科技的进步为元宇宙的实现提供了可能。从文艺复兴时期的透视画法，到现代的虚拟现实技术，人类对空间和时间的理解不断深化和拓宽，为元宇宙的概念提供了科技支撑。近年来，人工智能、区块链等新技术的涌现更加丰富了元宇宙的构想与实践。

元宇宙的概念不仅是科技的进步，更是人类文化、文学、艺术与科技的交汇。它为我们提供了一个虚拟的、无限的存在，赋予了重新定义真实与虚构、个体与社会的机会。在元宇宙的构建与探索过程中，我们需要深入思考和探讨一系列可能带来的挑战和问题，如人类身份的确定、虚拟与现实的边界、数字化的道德和伦理等。只有在全面认识和理解元宇宙的基础上，才能更好地引领人类走向未来。

首先，元宇宙中个体身份的确立成为一个重要而复杂的议题。在虚拟世界中，个体享有选择身份的自由，然而这自由的滥用可能挑战现实世界的社会规则和法律。对此，我们迫切需要思考如何在保障个体自由的同时，确保社会公平与正义的维护，这涉及对数字身份的认知和管理，以及在元宇宙中个体选择身份时的社会责任。

其次，虚拟与现实的边界问题不可忽视。尽管元宇宙为我们打开了无限可能的大门，但我们不应忘却现实世界的实在性。在追求虚拟存在的同时，我们需要找到虚拟与现实的平衡点。这不仅是技术和体验的问题，更是对人类生活本质的深度反思。如何让元宇宙与现实和谐共生，是我们在探索中必须正视的挑战。

最后，数字化的道德和伦理议题显得尤为复杂而紧迫。在元宇宙中，我们面对着对道德和伦理重新定义的任务。如何在维护个体隐私和自由的同时，有效地防范技术滥用，成为建构元宇宙的核心问题。这需要的不仅是技术问题，更是对全球伦理标准的广泛协商与建立。

总体而言，元宇宙的构想既是对理想世界的渴望，也是对现实世界的审视和超越。在元宇宙的探索中，我们需要持续深化思考与讨论，以期在理想与挑战的交汇中真正实现人类对文化、艺术和科技结合的最高追求。

1.1.2 技术演进的推动力

技术演进的历史轨迹和其背后的推动力构建了一个清晰的图景，展示了技术如何不断深化和扩展边界，最终孕育了当下所谓的元宇宙。这一过程超越了简单的技术积累，更深层次地涉及人类如何通过技术拓展认知、塑造文化并改变社会互动。本节旨在通过深度分析揭示技术进步如何奠定元宇宙的发展基础。

1. 早期电子游戏与虚拟认知的初探

在追寻宇宙无限可能性的同时，人类也在努力构建和探索自身的小宇宙——虚拟世界。早期电子游戏的涌现成为这一探索进程的关键里程碑。这些游戏虽然在技术上相对初级，却为我们揭示了虚拟世界中人类认知和行为的基本原则。

自数字时代黎明以来，计算机游戏为我们提供了一条全新的探索路径，从早期的冒险游戏（如《龙与地下城》）到现代的社交网络游戏，人类在这些虚拟环境中如何构建认知、交流和寻找意义的过程中，元宇宙概念似乎逐渐显现。

1）认知转移与沉浸体验

我们深入研究了认知转移与沉浸体验。早期的电子游戏（如《神话之旅》）为用户提供了独特体验：短暂脱离现实，进入设计精致的虚拟空间。这一体验包括物理学、哲学和产业发展3个维度的关键特点。

从物理学角度看，这涉及对时间和空间的新型认知方式。在这些游戏中，传统的物理定律往往不再适用，推动我们引入量子物理学和弦理论的概念。量子力学的非定域性和纠缠态，以及弦理论中的额外维度和多元宇宙概念，为超越经典物理学的空间和时间认知提供了理论基础。

在哲学层面上，沉浸式体验满足了人类超越日常、探索未知的渴望。这种体验呼应着古代哲学家对人生意义的追求，同时与现代哲学家让·鲍德里亚尔在仿真与拟态概念中的观点相契合，即虚拟现实如何成为现实世界的延伸或替代。

在产业层面上，沉浸式体验正在塑造着现代技术产业的趋势，尤其是虚拟现实和增强现实领域。国际数据公司（IDC）和高德纳（Gartner）对虚拟现实（VR）和增强现实（AR）市场的预测显示了沉浸式技术对技术产业的深刻影响。同时，Meta（前Facebook）在元宇宙项目中的投资以及微软、谷歌等科技巨头如何应用这些技术创造新用户体验和市场机会也充分证实了这一点。

2）网络互动

我们探索了游戏中的网络互动，这是游戏为我们带来的新社交维度。在这个维度中，玩家不仅与游戏本身产生互动，更与其他玩家进行交互。这一变化带来了计算机科学、社交媒体平台和社会学心理学等多个层面的影响。

首先，从计算机科学的角度看，玩家之间的实时互动对数据交换和算法优化提出了更高的要求。这需要引入更为先进的网络协议、分布式系统和并行计算技术。例如，谷歌的Spanner数据库和亚马逊的Dynamo系统，就是为处理大规模、实时的数据交换和存储而设计的系统。在算法优化方面，面向多用户在线游戏（MMOG）的兴趣管理（Interest Management）技术，已经广泛应用于减少无关玩家间的数据交换，例如只更新玩家周围区域的状态。

其次，这种网络互动不仅提升了游戏的沉浸感，也改变了人类的社交习惯和行为模式。如今，我们可以看到，这种改变已经对社交媒体平台产生了深远的影响。例如,Twitter 的话题标签和 Facebook 的"生活时报"(Life Event)功能,都是在推动用户之间形成更紧密的连接,进而可能改变信息传播的方式。这一点可以从社会网络分析(Social Network Analysis,SNA)理论的视角深入探讨。

最后,从社会学和心理学的角度看,这种新型的互动方式为研究人类社交行为提供了新的视角,特别是在探讨如何在虚拟世界中建立信任和合作的问题上。此处,我们可以引入普特南(Putnam)的网络社会资本理论、科尔曼(Coleman)的社会资本框架,以及埃里克森(Erikson)的信任发展阶段理论进行探讨。同时,Ostrom 的"集体行动"理论和 Axelrod 的"合作的进化"理论,也可以为我们提供宝贵的理论支持。

3)游戏中的行为与心理需求

我们发现玩家在游戏中的行为并非仅追求娱乐,他们也在寻找归属感和生活的意义。这种寻找的行为,可以通过心理学的自我决定理论(Self-Determination Theory,SDT)进行阐述。该理论强调了自主性、能力感和归属感 3 个基本心理需求的重要性。游戏,作为一个特殊的平台,提供了满足这些需求的可能性,尤其是通过角色扮演和社交互动实现归属感。

从数学的角度看,玩家在游戏中对无限的世界进行探索,这可以类比为我们在现实世界中探索宇宙的边界。这种探索涉及对无限空间理论的应用。这一部分,我们可以借鉴拓扑学和分形几何的研究,这些学科研究的是复杂形状和空间的性质。例如,Mandelbrot 集合的复杂边界就可以视为游戏世界无尽探索性质的象征。

此外,从文化和艺术的视角看,游戏为玩家提供了全新的叙事方式,使得他们能在新的文化背景下重塑自己的故事。我们可以从文化研究的角度分析游戏提供的叙事方式。例如，我们可以将游戏叙事与文学理论中的叙事学（Narratology）联系起来，探究游戏是如何构建故事和角色的。同时，游戏作为一种新兴的故事媒介，其多线性叙事结构的复杂性，可以与巴赫金（Bakhtin）的多声部叙事理论相联系。

总的来说，从早期的电子游戏到现代的元宇宙，这些虚拟世界为我们提供了一个观察和研究人类行为和认知的窗口。随着技术的不断发展，元宇宙的概念正逐渐成形，这预示着未来我们将面临一个更为广阔、多样化和互联的虚拟世界。在这一进程中，我们深刻理解了认知、社交和行为的复杂性，为未来的研究打下了基础。

2. 互联网时代与跨界社交网络的崛起

在我们的宇宙中，从微观的量子世界到宏观的宇宙尺度，一切都在联结和互动中展现。人类在此基础上开启了在数字空间中寻求更广泛社交联系的探索，而互联网便是这场冒险的序幕。进入21世纪，随着人类社会从工业化向信息化的飞速转变，一个令人着迷的现象引起广泛关注——虚拟世界的诞生与蓬勃发展。从简单的二维电子游戏到复杂的三维互动社区，虚拟世界对我们的生活、经济和文化产生了深远影响。为了深入理解这一现象，我们将从3个维度进行探讨：无界限的数字互动、虚拟的经济与多元文化，以及体验的转变。

1）无界限的数字互动：自由的跨界探索

首先，我们将深入探讨无界限的数字互动。讨论虚拟世界时，我们实际上在谈论一个"数字宇宙"，在这个宇宙中，时间和空间的概念被重新塑造。数字宇宙中，信息几乎是瞬时传递的，使得人们能够在跨时区实时交流，提供一种全新的时空体验。尽管物理世界的通信未真正超越相对论的速度限制，但数字宇宙中信息技术的发展导致时空的压缩，促成了一种时空独立的社会互动形式。

其次，数字宇宙中空间上的限制被彻底打破。在这个虚拟空间中，地理位置不再是决定因素，南半球的人们与北半球的人们可以无缝互动。这对全球化的时代尤为重要，虚拟世界如 Second Life 提供了空间上的异质性，使人们在不需要物理移动的情况下实现互动。

最后，文化边界在数字宇宙中被淡化。各种文化在这里碰撞、交融，为人类的文明进程带来无限的可能性。在虚拟空间中，用户不受物理身份和地理位置的限制，可以自由地表达和体验多元文化。这一现象在 Second Life 等平台中得到广泛观察。

总的来说，从早期的电子游戏到现代的元宇宙，这些虚拟世界为我们提供了观察和研究人类行为和认知的窗口。技术的不断发展预示着未来将迎来一个更广阔、多样化和互联的虚拟世界。

2）虚拟的经济与多元文化：新的社交货币

数字宇宙的兴起催生了一种全新的经济模式，该模式不仅基于物质，更依赖于信息和信任。在这个虚拟世界中，经济活动不再依赖于传统的金融信用，而是建立在人与人之间的信任关系上。这种社交信任成为数字环境下信用评估的新基础，正如 Granovetter 在其嵌入性理论中所强调的。数字空间的交易模式也发生了变化，不再局限于物质产品的交换，更多涉及服务、体验和情感的交流。这种变革反映了消费模式的演变，消费者在经济交易中寻求的不仅是物质产品，还包括与之相关的美学和体验价值。Pine 和 Gilmore 的体验经济理论进一步强调了体验在交易中的价值，而在虚拟世界中，这种体验的提供和交换变得更为普遍和关键。

同时，数字宇宙催生了一种新的文化模式，不再局限于传统的文化概念，而是建立在信息和知识之上。这一新文化模式中，文化身份和实践不断被重新定义和构建。信息通信技术的发展为文化的传播和交流提供了新的渠道和平台，使得文化塑造成为一个动态而连续的过程。

总体而言，虚拟世界是一个无界限的数字互动空间，是虚拟的经济和多元文化的融合体，是一个体验转变的场所。未来，随着技术的不断发展，我们将在虚拟世界中发现更多的可能性和机遇。

3）体验的转变：从简单信息到真实感知

数字宇宙为人类带来一种全新的体验方式，超越了简单的信息输入和输出，更深度地涉及沉浸式的体验。

首先，我们的感知方式正在经历一场深刻的变革。传统的感知理论，如 Gibson 的生态心理学，强调通过眼睛和耳朵对环境的直接感知。然而，在数字宇宙中，我们的感知方式超越了这些物理感官，而是向心灵体验转变。Pallasmaa 在他的建筑和感官著作中强调了非视觉感官在空间体验中的重要性，这在数字宇宙中进一步得到扩展。此外，Csikszentmihalyi 的流动理论提供了理解这种心灵体验的框架，强调了人们在完全沉浸于活动时达到最佳体验状态的心理过程。

其次，数字宇宙中的"真实"已不再是传统意义上的物理现实，而是现实与虚拟世界的融合。Heim 在探讨虚拟现实的哲学时指出，这种融合是一个完美的结合，它模糊了现实和虚拟的界限。这种混合现实体验在 Milgram 和 Kishino 的虚拟性－现实性连续体理论中得到了解释，其中强调了从完全真实到完全虚拟的一系列可能的体验。

最后，数字宇宙中的体验正在推动我们认知模式的变革。Clark 和 Chalmers 在其关于心智延伸的文章中讨论了技术如何改变我们处理信息和知识的方式。此外，Damasio 在其神经生物学研究中提出了"身体化心智"的概念，主张认知是由身体与环境的互动共同构建的。这些理论都表明，在数字宇宙中的体验不仅改变了我们的感知方式，也从根本上改变了我们与世界互动的认知结构。

总之，数字宇宙为人类开辟了一片全新的领域，不仅是技术的创新，更是对人类自身和文明的重新认知。就像宇宙中的每一个星球,数字宇宙中的每个角落都充满了无限的可能性,等待着我们探索和发现。

3. 虚拟现实与增强现实:真实与虚拟的融合

在当今科技与现实交织的时代,虚拟现实与增强现实已不再是对立的概念,而是相互渗透、共同构建的多维存在平台。这一趋势反映了技术对人类感知范围的深刻影响,不再局限于传统的五官。通过引入全球顶尖学术成果,我们可以深入探讨虚拟与现实的融合,以及其对人类认知和体验的深远影响。

1)感官的深海探索:真实感的升华

先进的虚拟现实技术正致力于模拟更多的人类感知,如触觉和嗅觉,以提升虚拟世界的真实性认知。这一趋势反映在新一代 VR 设备的推动下,通过整合多感官输入和输出,如同步触觉和嗅觉信号,模拟更复杂的人类感知模式,逐渐模糊虚拟体验与物理现实的边界。

同时,现代感官物理学家运用技术更精准地模拟和刺激人的感官,强调虚拟世界体验的真实性。例如,定向声波技术模拟听觉定位感,电刺激产生触觉感受。这不仅加强了虚拟体验的真实感,还在医疗和心理疗法领域展现了广泛的应用潜力。

近期研究表明,虚拟体验不仅是大脑的体验,还可能影响生理状态,如改变心跳速度或刺激肾上腺素释放。通过脑机接口(BMI)技术,研究者能够将用户神经生理信号直接转换为虚拟环境中的交互和反馈,深化了虚拟体验与生理状态之间的连接。未来,技术发展将进一步丰富这种深度和真实的体验。

2)交互的力量:双向动态系统

现代技术的发展远不止于单向信息传递,更关键的是双向交互体验。现代设备使用户通过双向互动实时影响虚拟世界成为可能,包括手势、眼动或声音等多种方式。这种交互性不仅改变了人机对话的模式，更引入了双向动态系统的概念。

在人机交互领域，从以前的简单输入/输出模型逐渐转向以用户体验为核心的交互设计。用户通过多模态交互方式，如手势、眼动追踪技术和自然语言处理技术，直观高效地影响和操控虚拟环境。

虚拟世界中，人们不再受限于物理空间，可以与世界各地的其他用户自由互动。在虚拟社交领域，计算社会科学利用大数据和算法分析人类社交行为模式。用户之间的交互超越了地理和文化的界限，形成了新的社会结构和互动模式，可通过网络分析和群体动力学理论进一步研究。

跨学科研究结合数学与社会学，探索创建更复杂、动态的互动系统。复杂系统理论认为，系统内个体通过非线性交互形成宏观行为模式和系统特性。在交互设计领域，该理论应用于研究如何通过设计规则和机制促进用户间的动态互动，通过反馈循环和自组织过程使系统适应用户行为的变化。基于代理的模型模拟和分析个体用户如何影响整个虚拟环境，及其随之产生的集体行为。

3）真实与虚拟：无缝存在

在数字化时代，真实与虚拟的界限变得越发模糊。借助增强现实技术，虚拟元素已能无缝地融入真实世界，为我们提供全新、多维度的体验。随着增强现实技术的发展，我们的理解已从简单的真实世界和数字信息融合转变为理解不同层次的现实－虚拟连续体。这些理论推动虚拟对象在真实世界中无缝集成，为用户提供多层次、沉浸式的体验空间。

哲学家和认知科学家正在重新思考，在这种真实与虚拟交织的环境中，我们的认知和体验会发生何种变化。在虚拟环境中，认知过程可能因缺乏物理世界的身体反馈而变化。同时，环境对感知的影响同样适用于虚拟环境。这些新的认知模式对于设计更高效的虚拟界面和用户体验至关重要。

这个新的元宇宙可能会重塑传统的社会结构和文化模式,给人类带来前所未有的机遇与挑战。在元宇宙中,传统社会结构可能在虚拟世界中得到新的表现和价值。技术如何促进全球文化交流,以及元宇宙下社会结构和文化模式的演变,成为一个重要的研究视角。

总的来说,元宇宙不仅是技术的创新,更是对人类存在、认知和文化的一种全新的、深刻的反思与重塑。在这个真实与虚拟交织的新时代,每个个体都有机会重新定义自己,发现一个真正的、多维度的"我"。通过技术的三个演进阶段,我们看到了人类对更深层次、更广泛范围和更真实的交互体验的探索与追求。元宇宙是这一旅程中的一个重要里程碑,它是技术与人类需求、欲望和文化相互作用的产物,共同指向了未来的方向。

1.1.3　元宇宙在社会心理中的位置

元宇宙作为科技与文化的交汇点,不仅代表着技术的进步,更深刻地反映了人类对自我实现的追求。下面深入探讨元宇宙如何成为个体追求自我实现的舞台。

1. 元宇宙与自我实现的追求

首先,元宇宙揭示了一个无限可能的新世界,摆脱了物理世界的束缚,为个体提供了前所未有的自由空间。在这个空间里,每个人都可以自由创造、表达和实现自己的理想。这种无限可能性的空间,就如同数学中的非欧几何空间,每个点、每个维度都孕育着一个全新的故事或创意。

其次,元宇宙为个体提供了展现自我、发挥才华和技能的舞台。与传统社会的束缚不同,元宇宙提供了一个更自由、更开放的平台。在这里,个体可以通过技术和创意的结合,将每个算法、每个代码转换为一种艺术形式,展现自己独特的才华和技能。

最后,元宇宙为个体提供了深化自我认知、实现自我成长的途径。在元宇宙中的每次互动、每个任务,都可以成为个体深化自我认知、提升自我的机会。这一过程就像一场关于真实与虚拟、主体与客体、自我与他者的深度对话,在这场对话中,个体不仅可以获得他人的认可,更可以达到自我实现的最高境界。

总的来说,元宇宙为个体提供了一个无限的探索空间,帮助重新定义和发现自我。就如同物理学中的多维度宇宙理论,我们正在朝向一个未知但充满可能性的新世界迈进。在这个过程中,每个人都是这个宇宙中不可或缺的存在。通过技术的窗口,我们看到了人类对更深层次、更广泛范围和更真实的交互体验的探索与追求。这一切共同描绘出一个多彩、多维度的未来画卷。

2. 元宇宙与现实逃避

元宇宙作为科技与现实交融的产物,为个体打开了一个全新的领域。在这个领域中,个体可以暂时逃离现实生活的压力和挑战,找到一个理想的避难所,进行自我探索和实现。

首先,元宇宙提供了一个塑造自我世界的自由空间。在这个空间中,个体不再受到现实世界的物理和文化约束,可以根据自己的意愿创建和修改环境,设计自己的角色,塑造自己的命运。这就像物理学中对时空的重新定义,对宇宙的重新解读,个体可以在这个宇宙中自由创造和探索,体验前所未有的自由。

其次,元宇宙为个体提供了一个情感宣泄的平台。在现实生活中,个体常常因为各种压力感到无处可逃。然而,在元宇宙中,个体可以通过各种互动和体验,如角色扮演、冒险任务等,找到释放情感的出口,实现心理的平衡和疗愈。这种情感调节和认知重塑有助于个体更好地应对现实生活的压力。

最后,元宇宙为个体提供了一个文化交流的平台。在元宇宙中,不同文化、不同背景的个体可以自由交流,共同创造。这种文化的交融和包容,不仅提供了一个扩展视野的平台,也帮助个体摆脱现实中的文化束缚,找到真正的自我。这是一种新的文化交流和融合模式,预示着未来社会的发展方向。

总的来说,元宇宙作为现代科技的产物,不仅提供了一个新的交互空间,更为我们提供了一个全新的生活和认知模式。在这里,我们不仅可以逃避现实的压力,更可以找到真正的自我,实现自己的价值。这充分体现了技术为我们带来的巨大变革和可能性。

3. 元宇宙与新的社交模式

元宇宙作为科技发展的新阶段,正在颠覆传统的社交模式,为全球公民揭示了一个全新、广阔的社交领域。这一变革不仅是技术层面的革新,更深层次地揭示了人类在社交互动、文化交流以及自我认知方面的巨大转变。

首先,元宇宙提供了一个自由定义自我身份的空间。进入元宇宙,人们可以脱离现实中的身份束缚,根据个人意愿塑造自己的角色。这不仅是数字化角色选择的过程,更是一次关于自我、创造力以及自由的哲学探索。在元宇宙中,每个人都可以成为任何人,体验任何生活,这就像数学上的无限可能性,在这里得到了完美体现。

其次,元宇宙创造了一个超越传统交流边界的深度互动空间。相比于传统社交的文字交流或面对面的互动,元宇宙为人们提供了更丰富、更深入的互动方式。通过共同完成任务、建设虚拟社区,人们在元宇宙中建立了更深厚的情感联系,实现了真正的共鸣。

最后,元宇宙为人们搭建了一座跨越地域、种族和文化的桥梁,促进了全球共同体的形成。在元宇宙中，人们可以自由地与来自世界各地的人交流，共同创造、学习和成长。这种跨文化的交互正在悄悄地改变我们的世界观，培养出一个真正的全球共同体意识。

综上所述，元宇宙不仅是技术的革新，在更深层次上，它正在塑造人类的社交模式，推动我们进入一个更开放、多元和深入的社交新时代。当我们探索这个新世界时，我们可能会发现，未来的社交将会比我们想象的更加精彩和无限。从这个角度看，元宇宙不仅是技术的产物，更是文化和心理的反映。随着技术的进一步发展，我们有理由相信，元宇宙在未来的社会中将扮演越来越重要的角色。

1.2 数字社会学：揭示技术如何塑造社会结构与人类行为

在科技的历史长河中，数字化进程标志着一个重要的转折点。它对人们的生活、工作和娱乐方式产生了深远影响，同时为元宇宙的诞生打下了坚实的基础。要全面理解这一转变，我们需要回溯至数字化的初期，审视模拟世界的构建，直至元宇宙初步形成。

1.2.1 早期数字化的起步发展

1. 早期计算机网络与虚拟世界的觉醒

数字化的兴起象征着科技史上的一个关键转折点，它深远地重塑了我们的生活习惯、工作流程和娱乐活动，为元宇宙的诞生打下了牢固的根基。要深刻领会这场变革的全貌，我们必须回溯到数字化的源头，从模拟时代的演变历程中寻找线索，直至元宇宙的初步轮廓逐渐显现。

在科技发展的历史中，ARPANET 的出现在 20 世纪 70 年代预示了全新数字化世界的来临，这标志着技术和思维方式的深刻变革。最初由美国国防部高级研究计划局（DARPA）支持，ARPANET 采用分组交换理论，其初衷是在战争环境下保持通信的稳定。随着 ARPANET 向 TCP/IP 过渡，它逐渐演变成如今互联网的基石，从而呈现了从军事技术向民用领域的技术扩散实践案例。

随着计算机通过 ARPANET 连接，信息传输速度突破了物理空间的限制，实现了真正的实时通信。这一变化不仅改变了我们的交流方式，更深层次地重新塑造了我们对时间和空间的认知。物理距离似乎不再具有重要性，时间被重新编码，形成了全新的数字时代的时间观。这一变化为 Castells 提出的"信息时代"理念提供了支持。

在 ARPANET 的早期阶段，研究者开始尝试构建虚拟社交圈。这种初步的在线互动为后来社交网络和元宇宙社区的形成奠定了基础。这些早期在线社区可被视为社会资本的前身，正如 Putnam 在《独自保龄球》中讨论的，网络化、虚拟化的社会资本正是社交媒体时代的特征。

回顾历史，我们发现 ARPANET 的意义不仅在于技术进步的象征，更重要的是它揭示了数字未来的蓝图。ARPANET 的历史提供了深刻的洞见，展示了技术创新如何引领社会变迁。它不仅是技术发展的里程碑，更是对社会结构进行重构的动力。正如 Benkler 在《富足网络》中所述，网络通信技术的发展对生产模式、社会互动，甚至权力结构都产生了根本性的影响。因此，它对于理解 ARPANET 及其后续发展如何塑造我们的数字生态系统，以及对于预见和指导未来技术的社会融合具有不可估量的价值。

然而，ARPANET 仅是数字化进程的起点。随着技术的持续发展，模拟世界的构建逐渐成为可能。在这个过程中，虚拟世界不再仅是二维平面的图像，而是通过三维建模和实时渲染技术构建出一个逼真的、可交互的模拟环境。这种模拟世界以真实世界为参照，却能超越现实，创造出无法实现的情景和体验。这种技术的发展为元宇宙的出现奠定了基础。

元宇宙，作为数字化进程的最新发展阶段，是一个全新的、由用户共同构建的虚拟世界。在元宇宙中，用户不仅可以自由地创建和修改环境，还可以设计自己的角色，参与各种活动，甚至建立自己的社区。这种自由度和互动性使元宇宙成为一个充满可能性的新领域，预示着社交互动、文化交流和自我认知的新模式。

总的来说，从 ARPANET 的诞生，到模拟世界的构建，再到元宇宙的形成，我们见证了一个由实体到虚拟、由单一到多元、由封闭到开放的演变过程。这个过程不仅揭示了技术的进步，更反映了社会的变革和人类的发展。随着技术的进一步发展，我们有理由相信，数字化进程将带来更多创新和变革，而元宇宙将在这个进程中发挥越来越重要的作用。

2. 数字文化的兴起与元宇宙文化的萌芽

在科技历史的长河中，20 世纪 80 年代浮现出的数字文化被视为元宇宙文化的孕育时期。这一时期的发展不仅深刻地塑造了我们对数字生活的理解，同时为元宇宙文化的构建奠定了基础。

电子游戏，作为当时的代表性现象，引领了娱乐方式的变革，同时在深层次上改变了学习模式。通过激发玩家的创造力，电子游戏对个体的思维方式产生了深远影响。其中，Prensky 的理论提出电子游戏有助于提高玩家的空间识别能力、问题解决技巧和决策能力。这为我们理解和应用虚拟现实提供了理论基础。Prensky 的"数字原住民与数字移民"理论更进一步认为，电子游戏是新一代人类适应和理解数字世界的重要途径，其意义不仅在于娱乐，更是一种促进技能发展和认知加工的平台。电子游戏在虚拟世界中不仅令我们体验冒险，更在无形中培养了我们对虚拟现实的认知和接受。

数字艺术，作为数字时代的新兴艺术形式，也在 20 世纪 80 年代迎来了迅猛发展。艺术家开始采用数字工具表达创意，推动了艺术形式的创新，同时也成为人类理解数字时代的一种重要方式。Manovich 的《软件文化》理论认为数字工具在创作过程中不仅是生产的手段，它们本身也携带了文化意义。这一理念在数字艺术的发展中得到了充分体现，为元宇宙中的艺术创作提供了理论和实践的基础。艺术家运用数字工具表达创意，不仅开创了新的艺术形式，也反映了人类对数字时代的理解和思考。Manovich 的软件文化理论进一步指出，数字工具在创作过程中不仅是工具，它们本身也是文化的承载者。这一理论为我们理解数字艺术提供了新的视角，并为元宇宙中的艺术创作提供理论和实践基础。

虚拟社交，作为网络时代早期的社交实践，预示了今天元宇宙社交的范式。在网络论坛和聊天室中，人们初次尝试构建自己的数字身份，并在此基础上进行社交互动。这不仅是社交方式的新尝试，更是我们对虚拟身份的探索和认同。Donath 和 Boyd 的研究深入揭示了这些早期社区如何影响人们的社交网络和身份构建，为我们理解元宇宙中的社交互动模式提供了重要的理论基础。此外，网络论坛和聊天室的兴起为我们提供了新的平台，用以探索和理解数字身份。这些早期的虚拟社交实践预示了元宇宙社交的方式，人们在这些平台上构建自己的数字身份，并与他人进行互动。这些实践体现了 Turkle 的"计算机作为社会媒介"的理论，揭示了计算机和互联网对人类社会关系的深刻影响，为我们理解元宇宙中的社交互动模式提供了理论基础。

综合而言，20 世纪 80 年代的数字文化为今天元宇宙文化的崛起提供了不可或缺的基础。从电子游戏的兴起,到数字艺术的崭露头角,再到虚拟社交的实践,我们对数字生活的认知和接受逐渐加深。这一历史过程不仅是技术的发展和变革,更是我们对数字时代的理解和适应。因此,深刻理解这一历史背景对我们深入研究元宇宙文化具有指导性的意义。20 世纪 80 年代的探索和实践,不仅塑造了今天的数字生活,也为未来的元宇宙文化提供了理论和实践的基础。这既是技术进步的结果,也是我们对数字生活的认知和接受过程的真实体现。

3. 信息时代的到来与全球化思维的塑造

在审视 20 世纪科技演变的历程中,互联网的诞生犹如一颗新星,重新点燃了人类文明的天空。其影响远不仅限于通信技术领域,更深刻地改变了我们获取和分享信息的方式,进一步引领我们走向全球化思维的时代。

首先,我们聚焦于信息的民主化进程。传统的信息传播模式中,知识和信息往往受到严格的控制和限制。然而,互联网的崛起颠覆了这一模式。任何具有思想的个体都可以通过互联网自由表达,不再受制于传统中介机构的审查和授权。这种革新不仅加速了知识的传播速度,更重要的是推动了信息的民主化,使得知识之光得以普照社会的每个角落。这一观点 Webster 在《信息社会的理论》中进行了强调,它突出了互联网在打破知识壁垒、推动信息民主化方面的重要作用。

其次,互联网的兴起催生了一种全新的文化交流形式。我们生活在一个多元化的世界中,而互联网为各种文化提供了一个共享的平台,让不同的文化、信仰和思维方式在其中交融。互联网不仅是技术的进步,更是一场全球性的文化交流盛宴。Tomlinson 在《全球化、现代性与文化》一书中提出互联网所带来的新的"文化连通性"概念,这种连通性使得世界文化更加多元化和包容。Jenkins 在《新媒体与文化认同》

中提出的"参与式文化"理论,则深入揭示了个体在文化创造和传播中的主体地位。

最后,互联网的广泛应用培养了我们的全球视野。我们的视角不再局限于所处的社区或国家,而是扩展到世界的各个角落。在这个信息海洋中,我们学会了更为广阔、更为客观地审视世界,形成真正的全球化视角。Giddens 在《全球化的后果》中提出的时间 - 空间压缩概念,恰好解释了互联网如何突破地理和政治边界,构建全球公民的认同感。同时,互联网的广泛可获得性和即时性也推动了全球社会运动的发展,例如 Occupy Movement 和 Arab Spring,这都是全球视野在实际行动中的体现。

总体而言,互联网的发展很大程度上催生了全球化思维的形成。它打破了传统的信息传播模式,使信息民主化成为可能;提供了一个共享的空间,促使不同文化在其中交融;拓宽了我们的视野,使我们从地方视野转向全球视野。这一系列变革预示了互联网对元宇宙未来可能性和潜力的深远影响。

然而,在互联网的发展过程中,每个关键的技术和文化进步都为元宇宙的出现打下了坚实的基础。从技术应用的初始步骤到全球化思维的形成,这一连串的变革都对元宇宙的发展产生了深远的影响。然而,互联网的发展也带来了新的挑战。在信息爆炸的时代,如何在海量信息中筛选出有价值的内容,如何在全球化的背景下保护和尊重各种文化的多样性,如何在追求技术进步的同时防止技术滥用,这些都是我们必须面对的问题。正如 Benedict Anderson 在《想象的共同体》中所说,我们需要超越地理和政治边界,构建全球公民的认同感,这对全球问题的认识和解决至关重要。因此,对于我们来说,更深入地理解互联网的发展历程和其对社会、文化的影响,以及如何在这个过程中塑造全球化思维，显得尤为重要。只有这样，我们才能更好地把握元宇宙的未来，并最大限度地发挥其潜力。

1.2.2 模拟世界的探索与实践

技术在模拟世界的探索中已经超越了其原有的工具性质，成为人类对于真实与虚拟、身体与心灵交汇的追求与探索的具体表现。这不仅是对无限可能的突破与拓展，更是对现实与虚拟、身体与心灵交汇的追求与探索的具体化。下面以图形界面为例，深入探讨视觉的突破与认知的转变。

1. 图形界面：视觉的突破与认知的转变

在信息技术的浪潮中，我们经历了从文本处理到图形界面的巨大飞跃。这不仅是技术进步的体现，更是现实与虚拟认知边界的深刻变迁，标志着我们对世界的看法、理解和感知方式正在彻底重塑。

1）视觉的无尽拓展

我们从最初简陋的文本和基础图像构建的计算机界面，逐步演进到如今引人入胜的 3D 渲染，这一巨变不仅增强了我们的视觉体验，更模糊了虚拟与现实之间的边界，推动我们的视觉感知进入新的境地。Norman 在人机交互设计中强调用户界面应符合人类认知模式，为我们理解人与计算机的交互方式提供了理论基础。随着虚拟现实技术的崛起，Sutherland 的"终极显示器"理念逐渐变为现实，3D 界面成为虚实交融的桥梁。同时，Milgram 和 Kishino 的"混合现实"理念进一步探讨虚拟与现实之间的连续光谱，强调多模态交互在模糊虚实边界中的重要作用。

2）图形质量与情感的共振

随着图形质量的提升，传达情感的能力也变得更强。高清晰度、逼真的渲染不仅带来视觉享受，更触动深层情感，唤醒记忆。这不仅强化了我们与虚拟世界的连接，也使这一连接充满情感的深度和真实性。在情感计算理论中，Picard 指出计算机应理解和模拟人类情感，为我们理解图形界面如何引发情感反应提供了理论基础。Norman 在《设计心理学》中对情感设计的讨论也提供了重要的视角，强调设计应触及用户情感层面，提升使用体验。

3）从二维到多维

尽管我们生活在一个三维的世界，但长期以来，计算机界面仍然局限于二维，然而，随着 3D 技术和其他先进渲染技术的发展，我们突破了这一限制，开始在多维、多角度的世界中进行探索。这不仅推动了我们在视觉上超越二维限制，更重要的是开启了全新的多维思考模式。从认知心理学角度看，Gibson 的视觉感知理论揭示了人类如何通过环境线索感知三维空间，为我们理解立体图形技术如何改变空间感知提供了理论基础。同时，Marr 的三维视觉理论挑战和扩展了我们对物理世界认知结构的理解。在这一背景下，Lakoff 和 Johnson 的隐喻理论提出，我们的思维本质上是空间化的，这与 3D 界面的出现相辅相成，允许用户通过直觉探索和理解复杂数据和概念。

4）技术与认知的奇妙交融

技术与认知之间存在着奇妙的双向塑造关系。随着图形界面的不断演进，我们的认知方式也在发生深刻变革。反过来，对更丰富、真实视觉体验的渴求推动着技术不断创新。在这种相互影响中，我们正迈向一个视觉和认知更广阔的新时代。

总之，通过对模拟世界的深入探讨，我们看到技术的发展和认知的变革是相互交织、相互促进的。在未来的研究中，我们期待看到更多的创新和突破，推动模拟世界的发展，以及人类对真实与虚拟世界的深刻理解。

2. 交互技术：人工智能与人机交互

人类与工具的交互，从古老的石器时代到当今的现代计算机化设备，已演变成一个集技术、认知科学和哲学于一体的复杂领域。现代交互技术不仅是技术进步的体现，更是对人机沟通方式的哲学性思考和深刻探索的结晶，旨在模仿甚至超越人与人之间的自然互动。

1）人体语言的演变

人体语言是我们与外界交流的关键方式。McNeill 在其研究中深入阐述了手势与口头语言的协同作用，将手势划分为多个类别，每类都与不同沟通方面密切相关。这为我们理解人类如何通过全身行为与环境互动提供了理论基础。现今，触屏、语音和手势等交互方式的出现，使我们能通过全身行为与机器进行更自然的互动。深度学习等人工智能算法的发展使得机器能理解和预测复杂手势动态，为人机交互带来了革命性的变化。

2）机器对情感的理解

机器对人类情感的理解已由科幻变为现实。传统机器和计算机常被视为无情的工具，但随着技术的进步，机器开始具备"感知"和"理解"我们情感和意图的能力。在这一领域，Picard 在《情感计算》中首次提出情感智能概念，推动了对机器情感识别和响应能力的研究。Ekman 的面部表情研究和 Mehrabian 的非言语沟通理论为机器理解人类情感提供了理论支持。随着情感分析等技术的发展，机器对人类情感状态的理解和响应变得更为精准，为人机交互增添了新的层面。

3）从实体到无形的交互界面

人机交互界面逐渐从实体形态走向无形，使得与机器的交互更为自然和直接。在这一进程中，Weiser 的普适计算理念以及 Ishii 和

Ullmer 提出的 Tangible User Interfaces（TUIs）概念提供了重要的理论支持。他们认为，随着技术的发展，人们与数字世界的连接将变得更为直接和无缝，为人机交互带来了全新的体验。

总体而言，现代人机交互技术正朝着更为自然、直观和情感化的方向发展。这种进展不仅是技术的推动，更是对人与机器交互方式深刻思考和实践的结果。深度学习等人工智能算法的应用，使得通过手势、微妙动作与机器进行交互成为可能，比传统输入方式更为直观、自然。情感智能的发展则让机器不再冷漠，而是能理解和回应人类情感，实现了双向的情感交流。随着人机交互的无形化，我们与机器的交互变得更加自然，这一演变既是技术进步的产物，也是对我们与机器关系重新定义的哲学性思考的体现。

正如 Kratz 和 Rohs 的研究所示，深度学习等 AI 算法的应用使得我们能够通过手势，甚至最微妙的动作与机器进行直观而自然的交互。这种交互方式无疑比传统的键盘或鼠标输入更为直观和自然，使得我们能够更自由地与机器进行互动。与此同时，情感智能的引入则赋予机器理解和回应人类情感的能力，使得我们的交互体验更加深刻且富有情感色彩。在这个不断演进的过程中，我们应当持续深入地研究和探索，以期发现更为自然、直观和情感化的人机交互方式。

3. 增强与虚拟现实：全感官的沉浸与真实的跃入

在数字化时代，我们渴望通过技术打破物理世界的束缚，深入探索真实与虚拟的交汇。增强现实与虚拟现实技术的崛起开创了全新的哲学视角，使我们能够全身心地沉浸于模拟世界中，极大地拓展了我们对现实与虚拟的理解和体验。

1）身体的超越

虚拟现实领域的研究逐渐从简单的视觉体验转向全感官沉浸。

Jaron Lanier 在其研究中首次尝试使用头戴式显示器和动作追踪技术，为用户创造了沉浸式体验。Mel Slater 的存在感理论更进一步解释了用户在虚拟环境中的身体感知，强调用户的身体存在感建立在对虚拟环境的认知和情感反应之上。这种身体的超越体验，尤其是在数字空间中的自由飞翔，不仅是技术的展现，更是对人类身体与机器互动方式的全面重新定义。Ivan Sutherland 的"终极显示器"概念至今仍推动着对逼真模拟环境的追求，使得虚拟世界对人体运动和意图的精准捕捉实现了前所未有的连接。

2）心灵的探索

虚拟现实技术引发了对情感与身体状态相互作用的新一轮思考。根据 Damásio 的理论，我们的情感反应与身体状态密切相关。在高度真实的虚拟环境中，我们的情感与思绪可以与模拟世界中的角色和事件产生共鸣，使得我们对真实和虚构的边界有了新的认知。这种情感交融引发了对 Nick Bostrom 的仿真假设的关注，即我们所处的现实可能只是一种模拟。在这个探索中，我们在虚拟现实中哭泣、愤怒或欢喜，这些情感又何尝不是真实的体验？这种情感交融使我们开始反思：什么是真实？什么是虚构？对 Damásio 关于情感与身体状态之间相互作用理论的直接体现。这也引发了对 Descartes 的"我思故我在"至今仍回响的问题：认知和情感的真实性与体验的本质是什么？

3）时空的跃越

Einstein 的相对论和 Minkowski 的时空理论挑战了我们对时间和空间的传统认知。在虚拟现实环境中，用户可以亲身体验到时间和空间的相对性，如通过时间旅行模拟或星系间旅行的虚拟体验。这种对时空的重新理解和体验进一步引发了对认知科学中记忆、感知和体验的深入研究。无论是遥远的过去、未来，或是跨越星系的冒险，所有的时空都只是一个思维的跃越。这不仅为我们提供了无尽的探索可能,更重要的是,挑战了我们对真实、存在和经验的固有认知。虚拟现实对传统的时空概念提出了挑战。Einstein 的相对论以及 Minkowski 的时空理论已经表明,我们对时间和空间的认知是相对的。

综上所述,增强现实与虚拟现实技术的发展,不仅是技术的进步,更是我们对人与机器交互方式的哲学思考和探索的体现。当我们越来越深入地探索与机器的交互,我们也在不断地突破自我,重新定义我们与世界的关系。而在这个过程中,我们需要不断地进行深入的研究和探索,以期发现更自然、直观和情感化的人机交互方式。

1.2.3　元宇宙的构想与实现

随着数字时代的崛起,元宇宙的概念已经渗透到众多文化创作中,成为一个重要而引人深思的主题。这些创作不仅是对未来的遐想,同时也推动了科技的前进与发展。从文化的角度出发,我们能够深入探索元宇宙在科技、艺术和社会中的核心价值。

1. 元宇宙的构想

1)预见未来:科幻艺术的引导作用

科幻作品,如电影《星际穿越》和小说《雪崩》中的元宇宙,不仅揭示了人类对未知的渴望,更激励了科学家和工程师的创新精神。这些作品在文化心理学和社会建构主义的视角下,可被理解为现代神话,通过构建集体想象,对科技发展路径产生深远影响。这种共鸣可以追溯到朱尔·凡尔纳和赫伯特·乔治·威尔斯的作品,预见了潜水艇和月球旅行等技术,激发了后续科技创新。

2)文化符号:元宇宙的普及与接受

随着科技的进步,元宇宙的观念已经深入我们的日常生活。文化作品提供了情感共鸣，使元宇宙不再仅是冷硬的技术实现，而是与我们的文化、情感和记忆紧密相连。塞缪尔·迪兰尼的后现代理论和让·鲍德里亚的超现实模拟论为理解元宇宙的普及和文化接受提供了理论框架。它们反映了元宇宙作为一种文化符号，是现实与虚构之间不断模糊的界限的体现。

3）跨越文化边界：全球化下的元宇宙

在全球化的大背景下，元宇宙作为一个新兴的技术和文化概念，得到不同文化背景下的人们的共同认同和创新，形成了一个多元、开放的文化交流平台。Arjun Appadurai 的全球文化流动理论揭示了媒体、技术、资本等元素如何在全球尺度上重塑文化边界。在不同文化中，元宇宙的本土化过程展示了文化混合的现象，如 Roland Robertson 的"全球本土化"，提供了全球化理论的新的案例研究。元宇宙作为一个全球范围内的文化和技术合成体，推动了跨文化理解，提出了一个共同探索人类技术前沿的视角。

通过深入分析，我们发现元宇宙不仅是技术的产物，更是文化与技术的交融。在这个过程中，文化作品扮演了桥梁和催化剂的角色，将人类的梦想与技术的可能性紧密连接在一起，为未来的探索和发展奠定了坚实的基础。

然而，这只是元宇宙在文化中的一种解读方式，更多的可能性仍待我们探索和发现。未来的研究可以从更多的角度，如社会学、心理学、哲学等，探讨元宇宙的内涵和影响。同时，也需要关注元宇宙可能带来的问题，如隐私、数据安全等，以确保在追求科技进步的同时，也能维护我们的权益。

总体来说，元宇宙的出现，不仅改变了我们的生活方式，在一定程度上也重塑了我们的文化观念和社会价值。作为一个全新的研究领域，元宇宙将会引发更多的学术探讨和思考。

2. 技术中的验证与拓展

随着人类对宇宙边界的不懈追求，我们正在塑造一个崭新的虚拟宇宙——元宇宙。这一概念的独特之处在于其突破了数字技术的界限，标志着技术与文化的深度融合、创新和拓展。

1）技术的试炼与进化：从元宇宙概念的初探到验证

回顾技术的演进历程，早期的实验，如 Second Life，尽管初期表现较为简陋，却为元宇宙的雏形奠定了基石。这些初步平台验证了元宇宙概念的可行性，并为后续技术进步提供了宝贵的经验教训。技术进化的理论家 W. Brian Arthur 在其著作《技术的本质》中论述，技术创新是一种自我增强的过程，不断塑造并重塑着市场和社会的基础。早期实践的探索和概念验证成为后续发展的催化剂。

2）技术的蓬勃发展：推动元宇宙的升华

随着云计算、边缘计算和 5G 等关键技术的飞速发展，元宇宙正从模糊的愿景逐渐演变为高度沉浸、实时互动的真实体验。这些先进技术为元宇宙提供了强大支持，使其能够快速发展并面向广泛受众。例如，5G 技术的低延迟和高带宽特性为元宇宙的沉浸式体验提供了网络基础，而边缘计算则解决了地理分布式数据处理和存储的问题，对于实现实时交互体验至关重要。

3）技术与文化：共同塑造元宇宙的未来

元宇宙不仅是技术的产物，随着技术的不断演进，社会对元宇宙的期望、理解和认知也在不断深化。技术与文化的相互作用为元宇宙创造了一个正反馈的生态系统，进一步加速了其发展速度和深度。以元宇宙为例，它正在改变我们的文化和社会结构，成为信息时代社会结构形成的催化剂。

综上所述，技术和文化在元宇宙的探索与构建中发挥着不可或缺的双重作用。它们相互推动，共同描绘了一个更为广阔、丰富和深刻的未来蓝图。这种相互作用不仅是单向的，更是一个循环反馈的过程。新的技术创新推动了文化的演变，同时，文化的变迁也反过来深刻地影响和塑造了技术的发展。

然而，技术的发展并非一帆风顺，每一次技术突破都需要经历试错和验证的过程。以 Second Life 为例，这个早期的元宇宙平台虽然在技术上存在许多局限，但它的出现证明了元宇宙概念的可行性，并为后续技术进步提供了重要的经验和教训。这种从初探到验证的过程是技术发展的必由之路，也是技术进化的生动写照。

同时，我们不能忽视文化在元宇宙发展中的关键作用。随着社会对元宇宙理念逐步深入的理解和认知的提高，技术与文化的互动为元宇宙的进化创造了一个正反馈的生态系统。这种互动不仅推动了元宇宙的发展，也加深了我们对元宇宙的理解和认知。

未来，我们期待在技术和文化的共同推动下，见证元宇宙实现更大的突破和拓展。同时，我们也期望看到更多深入研究元宇宙技术与文化方面的工作，为我们提供更深入、更全面的理解。

3. 现实中的元宇宙实践

在迅猛的技术发展中，元宇宙这一核心理念逐渐从科幻幻想演进为现实，它既是数字技术的巅峰表现，也牵涉物理学、计算机科学、哲学和社会学等跨学科的知识融合。本节将深入探讨元宇宙在现实中的多方面实践，包括社交维度的拓展、教育与工作的数字化转型，以及经济与文化的新发展。

1）新社交维度的开启：元宇宙的真实演绎

元宇宙已不再是科幻小说的遐想，而是成为社交空间的崭新维度，跨越传统边界，将娱乐与真实互动融为一体。这不仅提供了全新的游戏体验，更构建了全球性的真实联系。社交学角度上，元宇宙的出现拓展了 Manuel Castells 的"网络社会"理念，数字网络重新塑造了社交结构和交流模式。

2）教育与工作的数字化转型：元宇宙的推动

元宇宙挑战了传统的教育和工作方式，为远程工作和在线教育提供更具沉浸感的环境，使学习和协作变得更加直观和富有创意。借鉴 Seymour Papert 的"建构主义学习理论"，元宇宙提供了实现场景，通过虚拟空间的模拟和实验促进深层次的认知发展。

3）经济的新发展与文化的碰撞：元宇宙的挑战与机遇

元宇宙中虚拟经济与现实经济的融合，为文化产业开辟了崭新领域。这一新兴领域在文化产业中创造了前所未有的交互模式，促进了创新和多元化的文化表达方式，呼应了 Pierre Bourdieu 文化领域的"场域理论"（Bourdieu，1993）。

综合而言，元宇宙不仅是技术的演变，更是文化、经济和现实的交融。从数学的角度审视，其中蕴含着无尽的可能性，重新定义了真实与虚构的概念，挑战着我们对未来的想象。我们有理由相信，随着时间的推移，元宇宙将变得更加丰富、多元，为人类开辟一个充满无限可能的新世界。这不仅是技术进步，更是人类社会向前迈出的一大步。

1.3 信息与复杂性：解读支撑元宇宙的核心技术和算法

元宇宙的崛起既是技术与艺术的交融，更是科技进步的产物。增强现实（AR）、虚拟现实（VR）与混合现实（MR）等数字技术维度在元宇宙构建中发挥着不可或缺的作用。为深入理解其在元宇宙应用中的真正意义和潜力，必须超越表面层次的技术应用，深入挖掘其理论基础和实践意义。

1.3.1 增强现实：实虚交融的信息呈现

在探索宇宙的广度和深度中，我们对连接真实与虚拟的技术持续着迷。AR作为这种技术的代表，已经从计算机科学实验室走入我们的日常生活，为我们的认知和互动带来了革命性的变革。

1. 真实感的新维度：超越物理的边界

AR不仅是数字信息的叠加，更是重新定义了我们与周围环境的关系，展现了超越物理存在的信息和联系。通过AR，我们能够更深入了解和感知现实，将数学模型与物理法则应用于日常生活，为我们带来新的理解和体验。借鉴Don Norman的"用户体验设计"理论，AR通过在用户感知世界中整合信息层，提升了用户与环境交互的直观性和效率。同时，参考Gibson的"仿生环境理论"，AR改善了环境感知能力，为我们提供了全新的信息获取和处理方式。例如，在手术规划和导航方面，AR技术的应用使医生能够看到超越物理层面的解剖图像，实现了显著的进步。

2. 交互的进化：哲学与技术的交汇

传统的交互方式局限于物理界面，而AR为我们打开了一个新的大门。在这里，用户可以直观地参与到真实与虚拟信息的交互中，实现了一种前所未有的沟通体验。这不仅是技术的进步，更是哲学思考与计算机科学的完美结合。从哲学的角度考虑，AR技术引发了关于现实本质的新讨论。例如，Heidegger在探讨技术对人类存在的影响时,提出了"在世存有"（Dasein）的概念，AR技术实际上是在扩展我们的存在方式，让我们能够在物理世界之外的信息层次上交互和感知。同时，AR 技术的进步也体现了哲学家如 Edmund Husserl 关于"现象学"的理论，即我们如何通过直接体验构建对世界的认识。

3. 社交的新纬度：从 Pokemon Go 到全球社群

回顾 Pokemon Go 这一游戏在全球范围内引起的热潮，我们可以看到 AR 技术如何改变社交模式，拉近了人与人之间的距离。它让我们不再局限于传统的社交网络，而是在现实世界中与他人互动，体验真实与虚拟的融合。这不仅展示了 AR 技术在游戏领域的应用，更揭示了这一技术如何影响社交行为和群体动力学。根据 Emile Durkheim 的社会学理论，共同的活动和经验可以促进社会凝聚力，而 Pokemon Go 通过游戏这一共享体验创建了全球性的社群。这种全球社群的形成也支持了 Howard Rheingold 关于"虚拟社区"的理论，即技术媒介的社交互动可以产生实质的社会结构和文化。

在探索宇宙的无限之时，AR 正在改变我们与周围世界的关系。它不仅是一个技术产品，更是连接数学、物理、哲学与现实生活的桥梁，帮助我们更好地认识和理解这个宇宙。随着时间的推移，我们有理由相信，AR 将带来更为丰富、多元的体验，为人类开辟一个充满无限可能的新世界。

1.3.2 虚拟现实：沉浸式的全感官体验

在穿越数学与物理的边界后，我们踏入了一个前所未有、完全受计算机控制的领域——虚拟现实（VR）。这个由科技重新构建的沉浸式宇宙为我们提供了一种超越想象的全感官体验。

1. 空间：数学构想的再现

在 VR 的宇宙中，我们不再受制于三维空间的限制，而是进入了一个全新的空间维度。这个由计算机生成的环境挑战了我们传统的空间认知,同时也促使我们探索数学与计算机科学在空间构建中的协同与创新。拓扑学的概念在 VR 技术领域尤为关键,特别是在创建能够在 VR 中探索的非欧几里得空间时。利用计算机视觉和图形处理的算法,如 Riemann 几何和 Minkowski 空间,VR 技术突破了三维空间的束缚,为用户提供了一种独特的空间感知方式。这些技术的基础建立在 Henri Poincaré 和 Bernhard Riemann 等学者的理论基础上,这些理论对于我们理解空间的几何性质至关重要。一个具体的例子是,通过使用 VR 模拟黑洞周围的空间,宇航员和物理学家能在非物理环境中进行实验和训练,为科学研究提供了全新的可能性。

2. 真实与虚构:哲学的交汇

虚拟现实提供的逼真体验模糊了真实与虚构之间的边界。这不仅是技术的胜利,更是哲学对真实性持续探讨的结果。在我们沉浸于计算机生成的世界时,对"真实"的思考变得更加深刻:真实的定义是否仅基于我们的感官体验?在 VR 环境中,哲学上对"真实"的探索变得尤其复杂。存在论质问了实际"存在"的构成,而现象学则关注我们如何体验这些存在。从 René Descartes 的"我思故我在"到 Jean-Paul Sartre 的存在主义哲学,VR 所呈现的沉浸式体验挑战了我们对真实存在传统认知的观念。Ludwig Wittgenstein 关于语言和现实之间关系的探讨为我们理解虚拟环境中的"真实"提供了理论基础。

3. 行为与思维:从虚拟到现实的反馈

在 VR 的环境中,我们的行为和思维方式会受到深刻影响,而这种变化并不仅局限于虚拟世界。当我们从虚拟世界返回现实,我们在 VR 中的体验和学习仍然会影响我们的日常生活和决策。这形成了一种强烈的正反馈机制,进一步推动我们探索、理解并改善这两个世界的交互。

VR 对行为和思维的影响已成为心理学和认知科学研究的前沿领域。根据 Piaget 的认知发展理论，人类通过与环境的互动构建知识结构。VR 环境中的交互和体验可以作为现实世界决策和行为的催化剂。研究表明，类似"模仿游戏"的效果，VR 体验可以改善记忆、提高学习效率，并影响社会和情感技能的发展。例如，通过 VR 治疗，病人可以在受控制的环境中面对并克服其恐惧，这种体验在现实生活中可以带来长期积极的效果。

显而易见，虚拟现实是一个充满无限可能性的领域，它链接了数学、物理、计算机科学、哲学与人类的感官体验。随着技术的持续进步和哲学的深入探讨，我们有理由相信，VR 未来将继续为我们提供更加丰富和深入的体验，改变我们的生活和思维方式。

1.3.3　混合现实：真实与虚拟的动态交互

在物理与虚拟之间，混合现实（MR）以一种独特的方式重新定义了我们与数字世界的交互。正如数学与物理的融合，MR 为我们开辟了一条在真实和虚拟之间自由穿梭的新路径。

1. 动态宇宙：物理与数字的交融

在 MR 的舞台上，虚拟元素不仅被简单叠加到现实世界，更是与现实环境进行了前所未有的动态交互。这不仅是简单的重叠，而是两者之间的有机协同和平衡。这种交互方式使得真实与虚拟之间的边界变得模糊，为我们提供了一个全新、更加直观的认知维度。在 MR 技术中，物理与数字世界的交融可以通过量子信息理论解释，该理论探讨信息的物理本质。量子叠加和纠缠的概念说明了物理世界中存在的非定域联系，与 MR 中虚拟对象与现实世界的交互性呼应。正如 IBM 和 Google 在量子计算领域的进展一样，MR 技术中实时数据的处理和超高速交互反应也是对信息理论的一种实际应用。

2. 多维感知：超越传统的体验

结合 AR 与 VR 的优势，MR 在感知层面为我们提供了一种跨越式的体验。这不仅是视觉或听觉上的整合，更是一种多维度、多层次的全感官体验。它使我们不仅能看到和听到，还能感知到真实与虚拟世界之间微妙的变化和交互。MR 所提供的多维感官体验与认知神经科学的研究相互补充。该领域研究人类大脑如何处理多种感官输入，以及这些信息如何整合形成全面的感知体验。例如，Olaf Blanke 的工作展示了通过虚拟现实技术如何影响并操控自我意识和身体感知。MR 在这方面的应用通过创造完全控制的感官刺激，提供了研究多感官整合以及感知现实的新途径。

3. 未来的无限可能：从游戏到教育的变革

MR 技术的到来不仅改变了我们的娱乐方式，更为教育、工作和社交等多个领域带来了革命性的变革。它为我们打开了一个充满无限可能性的新世界，使得我们可以在不同的应用场景中更好地应用和体验元宇宙。MR 技术的社会接受和应用可以通过科技接受模型（TAM）进行分析，该模型预测了用户接受新技术的可能性。在教育领域，MR 可以作为一种工具，提高沉浸式学习的效率和效果。例如，Case Western Reserve University 与 Microsoft 合作，通过 HoloLens 教授解剖学，学生能够在三维空间中互动学习，这表明了 MR 技术在教育创新中有巨大潜力。

总的来说，MR 作为物理与数字的完美交融，为我们提供了一个探索宇宙、挑战传统认知的新平台。它是一场真实与虚拟之间的宇宙交响，描绘了一个充满无限可能性的未来。随着技术的持续发展，我们有理由相信，MR 未来将会更深入融入我们的日常生活，为我们带来更加丰富和深入的体验。深入理解 AR、VR 与 MR 的理论框架和实践意义后，可以看出，这三者并非孤立的技术，而是在元宇宙中相互关联、相互促进。它们共同构建了元宇宙的多维度体验，为用户提供了一个前所未有的虚拟现实空间。未来，随着这三种技术的进一步发展和完善，元宇宙将会成为一个集合多元文化、高度交互和真实感体验的虚拟世界，为人类开辟一种全新的生活方式和思考维度。

第 2 章

构筑元宇宙的科技基石

02

2.1 仿真世界的核心：探究计算机图形学与渲染技术的最新进展

在当代科技飞速发展的背景下，实现真实且超越的视觉体验已经不再是遥不可及的梦想，而是逐渐融入我们日常生活的现实。在高级渲染技术、动态互动技术以及增强沉浸感技术的应用中，我们正在经历深度视觉盛宴。下面对这 3 方面进行深入探讨。

2.1.1 极致的细节：近乎真实的虚拟表现力

在数字时代，元宇宙的崛起彰显了其惊人的视觉表现力，成为技术、艺术和人类对真实的追求的完美结合。在此背景下，本节将深入探讨元宇宙的细节表现力，旨在超越简单模仿，通过引入一系列创新技术，构建出接近真实的虚拟体验。

1. 超越简单模仿的纹理模拟

1）复杂度与深度

现代渲染技术的显著进步使得对纹理进行更为细致的模拟成为可能。研究者通过应用光线追踪和纹理映射技术，如双向反射分布函数（BRDF），成功模拟了木纹、石纹等天然材质的视觉效果。此外，基于心理学和神经科学的认知研究，纹理梯度被揭示为深度感知的关键线索，为设计师提供了更具深度和真实感的纹理模拟方向。精确渲染微观结构，甚至可以实现人眼几乎无法区分的视觉效果，这在计算机图形学领域有显著突破。

2）创新的表现

基于先进的算法，设计师在模仿真实基础上进行了创新，形成既具有现实感又富有艺术性的新型纹理。计算机生成图像（CGI）中的基于物理的渲染（PBR）技术，不仅再现了真实世界的材质，还赋予了设计师艺术创新的空间。机器学习技术，如遗传算法和神经网络，被应用于纹理设计，产生了具有高度创新性的视觉效果，这在 *ACM Transactions on Graphics* 等期刊中得到广泛报道。设计师通过数字仿真技术，成功模拟了古代艺术和手工艺的特殊纹理，为用户带来跨时代的视觉体验。数字遗产国际会议中的多篇论文详细探讨了这些技术如何在文化遗产保护和数字博物馆领域发挥关键作用。

2. 光影的魔法：模拟与超越现实

1）真实的反射与折射

物理基础的光线追踪技术使得虚拟世界中的光线行为与现实世界无异。心理物理学的角度强调，光线和影子是创造视觉深度和体积感的关键因素。光学理论如斯涅尔定律和菲涅耳方程的精确计算，使得水面反射和玻璃折射等光学现象得以逼真呈现。现代图形处理器的进步使得实时光线追踪成为可能，这种技术的应用，如 NVIDIA 的 RTX 技术，实现了在游戏和模拟环境中前所未有的真实效果。

2）动态的光影效果

在计算机图形学领域，光线追踪技术通过模拟光线在现实世界中的传播，实现了光影效果的实时调整。这种动态性为元宇宙注入了生命力，使得光线和阴影能随着环境和时间的变化而自然调整。最新研究表明，实时光线追踪在游戏和模拟环境中的应用已取得显著成果，进一步提升了虚拟世界的真实感。

3）艺术与科技的结合

除了追求真实，设计师和工程师还在光影上融入了创意，如柔和的滤镜效果或特定的光线氛围。数字世界中光线和阴影的动态变化需要复杂的算法，考虑到地球的自转、大气散射和云层遮挡等因素。科学家提出的天空模型，如 Preetham 等的模型，能在不同时间和地点生成真实的天空光照和颜色变化。在虚拟现实和增强现实应用中，这些模型不仅提供了视觉上的真实感，还增强了用户的沉浸感和情感响应。

3. 微观世界的奇迹：探寻细节的边界

1）身体与生命的奥秘

现代技术使得对生命的微观结构进行精准模拟成为可能。通过电子显微镜和原子力显微镜等工具，科学家能够观察到皮肤的微观结构、毛发的生长方向以及细胞的活动。基于 X 射线晶体学和冷冻电镜技术的研究，如解析蛋白质复合物结构，为我们理解分子层面的生命活动提供了关键工具。基因编辑技术，如 CRISPR-Cas9 系统，使得科学家能在细胞层面上进行精准设计，揭示基因对生物特性的影响。

2）物质的本质

无论是有生命还是无生命的物质，现代技术都能准确捕捉其微观结构和特性。材料科学中的密度泛函理论（DFT）等原子级模拟方法，已经能准确预测材料的电子性质和结构。透射电子显微镜（TEM）和扫描隧道显微镜（STM）等工具的应用，使得研究者能更深入地了解金属合金中的位错和晶界等力学和热电性质。

3）科学与艺术的交融

在微观层面，科学与艺术呈现出有趣的交汇。分形几何学作为数学与艺术的交汇领域，描述了自然界中重复出现的模式，如罗曼·埃斯哥的迭代函数系统理论。这些数学模型不仅用于分析自然界中的模式，还启发艺术家创作出丰富多彩的视觉艺术。艺术家利用分形生成算法创作数字艺术，表达了科学美学和自然法则的和谐。

总之，元宇宙所呈现的视觉魅力是技术、艺术和人类对真实的追求的完美结合。通过超越简单模仿，我们在纹理模拟、光影表现和微观世界的模拟中实现了前所未有的真实感。这个充满无限可能的新世界，突破了现实的界限，为我们提供了一个探索更加丰富和多彩的宇宙的机会。

2.1.2 动态互动的环境——元宇宙中的生动存在

在当今科技日新月异的背景下，元宇宙已经不再是科幻的遐想，而是正逐渐转变为一个实实在在、触手可及的现实体验。元宇宙之所以如此引人入胜，其吸引之处主要源于其强大的动态交互能力。这种交互性不仅存在于用户与虚拟环境之间，更深刻地将现实与数字领域紧密相连。

1. 用户的深度参与：感知、反应与创新

元宇宙为用户带来的体验远非传统虚拟现实或游戏可比。在此背景下，本节将深入探讨3个关键方面。

1）高度逼真的感知

通过先进的感应技术，元宇宙能捕捉用户微妙的动作和表情。彭博社报道指出，某些高端元宇宙体验甚至能够实时追踪用户的心率、瞳孔大小等生理反应，为用户打造出一种完全沉浸式的体验。在此基础上，元宇宙中成功应用肌电图（EMG）、心电图（ECG）、脑电图（EEG）和眼动跟踪技术等高级感应技术测量和解析了用户的生理信号。Kaplan等的研究（2015）进一步指出，将这些生理信号融入用户界面的反馈循环中，有助于提升虚拟环境的沉浸感，并实现更加个性化的体验。

2）实时的环境反馈

与传统虚拟现实不同，元宇宙中的每一个动作，包括手势、声音和目光等，都会引发一系列连锁反应。这种实时反馈使得用户能与虚拟环境进行深度互动。Azuma 等在增强现实领域的研究突出了即时渲染技术和环境感知的重要性。通过深度学习和机器视觉，元宇宙中的环境可以即时响应用户的动作和意图。值得注意的是，元宇宙中实时互动的技术复杂性远超传统 VR，牵涉大规模数据处理和预测建模，例如通过视觉惯性测量单元（Visual-Inertial Measurement Units，VIMUs）和实时运动捕捉系统追踪用户动作。

3）无界的创新空间

在元宇宙中，每一位用户都可以成为创作者。经济学人的观点指出，众多艺术家、设计师和普通用户在元宇宙中创作出独特的作品，彰显了其丰富的创新潜力。将元宇宙视为创新空间，可以运用 Csikszentmihalyi 的流动理论，解释用户在其中完全沉浸的心理状态。元宇宙为用户提供了理想的"流动空间"，得益于其高度自由的交互性和创造性。此外，Shneiderman 的"创造支持工具"（Creativity Support Tools）概念认为，元宇宙平台可被视为一个创新的沙盒，提供直观的用户界面和强大的工具集，支持艺术家和设计师进行创造性工作。

2. 虚拟与现实的相互影响

现代模拟技术为元宇宙注入了前所未有的动态感。

1）现实环境的模拟

元宇宙中对现实环境因素的精确模拟包括风、雨、温度等。这种真实感使得用户仿佛置身于现实世界，而非数字领域。通过结合计算流体动力学与天气仿真技术，可以在元宇宙中生成高度逼真的气候模拟。例如，CFD 可用于预测和渲染虚拟环境中风力和温度的动态变化。NASA 运用 CFD 技术模拟不同大气层的流体流动和热交换，为高度逼真的元宇宙环境的开发提供了重要指导。

2）交互的微观细节

除模拟大环境因素外，元宇宙还能模拟微观层面的细节，如空气中的颗粒、水中的泡沫等，为用户带来前所未有的感官体验。在微观层面，粒子系统是一种用于模拟复杂物质（如烟、尘埃、雾和水泡等）的技术。这种技术广泛应用于电影和视频游戏中，创造出视觉效果上的真实感。通过调节粒子的大小、形状、颜色和运动，设计师能够创造出近乎真实的自然现象和细微的交互效果。研究表明，通过这种方式增强的多感官输入可以显著提高用户的沉浸感和满意度。

3）物理规则的超越

元宇宙不仅是对现实的模拟，更在某些方面超越了现实。在某些元宇宙体验中，用户能体验到飞行、瞬移等超越物理规则的特殊能力。这种体验可以通过量子力学中的非定域性原理进行学术对比，其中粒子可以在不同位置表现出关联性，类似元宇宙中的瞬移能力。同时，通过AR 和 VR 技术，元宇宙创造出的超能力，如飞行和超速运动，不仅为用户提供了逃离现实世界物理限制的自由，还挑战了用户对现实世界的认知和体验。Stanford University Virtual Human Interaction Lab 的研究显示，通过虚拟现实中的飞行体验可以显著改变人的认知和心理状态。

3. 多用户协同：创造与分享的新时代

云计算和网络技术为元宇宙提供了与现实世界相似的社交体验。

1）实时的多人互动

与传统网络游戏不同，元宇宙中的用户能进行更为深度的互动，包括共同创造、交流和合作。借助计算机支持协同工作（CSCW）理论，元宇宙平台为多用户提供了一个共享的虚拟空间，成为一种新型的群体智慧实践。在这样的环境中，分布式系统和并行处理技术使得复杂的用户交互和实时数据同步成为可能。通过使用高效的数据同步算法和云服务，元宇宙中的用户可以在全球范围内实时协作，仿佛在同一个房间里。这种技术已经成功应用于远程教育和虚拟团队合作的案例研究。

2）跨越地域的连接

经济学人的报道显示，元宇宙中的用户来自全球各地，他们在此相聚，分享各自的文化和经验。全球化理论提出了文化交流和知识共享的趋势，而元宇宙平台则成为这一理论的现实体现。它跨越了传统的地理和政治边界，允许来自不同文化背景的人们交流和互相学习。这可以看作虚拟丝绸之路，将不同国家的用户通过虚拟世界的纽带联系起来。研究显示，这样的跨文化交流能促进全球公民意识的形成，并有助于形成更加包容和开放的世界观。

3）多维度的社交体验

用户不再受限于文字和语音，还可以通过音乐、艺术、舞蹈等多种方式在元宇宙中表达自己。在元宇宙中，用户可以通过不同的感官和表现形式进行交流，体现了多模态交互理论的应用。这种交流方式的多样性为个体提供了更为丰富的表达手段，并有助于加深人与人之间的理解。以虚拟音乐会为例，观众不仅能听到音乐，还能在虚拟空间中与其他用户和表演者互动，共同创造一种全新的演出体验。

总而言之，在新时代的科技发展中，元宇宙作为一个开放而创新的领域，将为用户提供更为丰富、深刻的体验，同时为全球用户创造出一个跨越文化和地理边界的联结平台。

2.1.3 深度沉浸感——真实与虚拟之间的界限

元宇宙作为科技与社会交汇的产物，正在重新塑造我们对现实与虚拟的理解。不再仅是传统的"虚拟"，元宇宙中的一切似乎比现实更为

"真实",引发对"现实"本质的质疑。这种深度沉浸感的实现离不开技术的不断进步,但其动力源于人类对"真实"的永恒追求和对"超越"的不懈探索。

1. 代入与逼真:跨越现实的虚拟之旅

VR 和 AR 技术的迅猛发展已经使用户得以在现实与虚拟之间自由切换。彭博社曾报道,一些元宇宙应用已经使人们难以辨别其是处于"现实"还是"虚拟"之中。本节聚焦于人机交互(HCI)领域,致力于实现真实与虚拟之间的无缝衔接,这要求技术在感官刺激逼真度和交互过程自然度两个层面上得到优化。

1)真实与虚拟的无缝衔接

在元宇宙的背景下,真实与虚拟的无缝衔接迫切需要技术的双重优化。多模态交互、混合现实技术以及环境感知计算等先进技术的应用,是实现在现实与数字虚拟世界之间无缝过渡的重要手段。计算机视觉和机器学习的结合,使元宇宙平台能提供几乎无差别的体验,消除了"现实"和"虚拟"之间的感知鸿沟。

2)身临其境的交互体验

元宇宙不再仅是游戏,而是提供了全方位的沉浸体验。从自然的手势捕捉到面部表情的实时反馈,用户的每个动作都能在虚拟空间中得到精确的捕捉和反馈。实现沉浸式体验需要全面考虑用户的感官,包括视觉、听觉、触觉等。高级的运动捕捉系统和面部识别技术,如光学追踪和惯性测量单元,能实时准确地反馈用户的动作和表情,显著提升了用户在虚拟环境中的代入感和互动质量。

3)超越物理的自由

在元宇宙中,用户不再受到物理规律的限制,飞翔、瞬移,甚至时间旅行成为可能。体验的设计超越了现实世界的物理规律,可以视为对量子力学中非经典路径的一种应用。设计师利用程序生成算法和虚拟物理引擎,在虚拟环境中实现飞翔或瞬移等超自然能力,推动了对多元宇宙和时间非线性的科学探讨。

2. 感知的丰富与深化:五感交织的虚拟实境

VR 技术的进步为元宇宙提供了丰富而深刻的感知体验,不仅满足用户的视觉需求,更涉及听觉、触觉以及嗅觉等多维度的感官交互。这一领域的发展正吸引着认知科学、人机交互和虚拟环境研究等多个学科的关注。

1)多维度的感官交互

元宇宙的吸引力在于其能为用户提供全方位的感官体验,不仅限于视觉。经济学人曾指出,未来元宇宙将成为一种全新的五感交织的体验,与此相符,认知科学的研究表明,人类体验世界的方式是多感官的,这些感官是相互交织的。在虚拟现实环境中,感官融合(或称多感官集成)成为提升用户沉浸感的有效手段。举例而言,触觉反馈技术,如皮肤振动反馈或通过触觉手套增强触觉感知,已在虚拟环境中广泛应用,以增强用户的触觉体验。有关嗅觉的研究也表明,特定的气味能引发记忆和情感反应,一些研究案例已经在虚拟现实中尝试将嗅觉整合,以创造更加深刻的体验。

2)真实感的升华

通过高度真实的声音、触觉反馈以及环境模拟,元宇宙为用户创造了一种真实世界中难以体验的超真实感。这种超真实感通过模仿自然环境的感官刺激,使用户难以区分虚拟与现实。在虚拟现实中,这通常通过高分辨率的视觉呈现、三维空间音效以及触觉反馈装置实现。研究指出,通过视觉错觉和触觉增强提升真实感是一个关键问题。环境模拟技术,如利用气象生成算法模拟风和温度变化,也被广泛应用于实现超真实感。

3）多模态的交互

元宇宙中用户可以通过声音、手势、目光甚至思维与元素进行多模态的交互。这种交互体验需要集成机器学习、语音和图像识别，以及神经科学的最新进展。例如，神经接口技术（如脑机接口）已在实验室环境中测试和展示，能直接将用户的思维转换为虚拟环境中的动作[4]。

通过这些技术的综合运用，元宇宙在感知体验上取得了显著的进展，为未来的虚拟现实技术提供了理论支持。

3. 超越与创意：挑战真实的界限

元宇宙的崛起不仅是对真实感的追求，更是在探索如何超越现实的边界。从梦幻的景色到奇特的生物，元宇宙为用户提供了一个充满创造力的乐园。在心理学和认知科学领域，对现实的重塑涉及想象力的认知过程，这可以通过 Neuroscience of Creativity（创造力的神经科学）理论解释。该理论深入研究大脑如何通过想象力和创造力重新构建对现实的感知。元宇宙作为创意的新殿堂，为用户提供了一个无限的可能性空间，通过先进的建模工具和环境编辑器，用户可以创造出不受物理世界限制的景观和生命形态。

1）对现实的重塑

元宇宙的创造力体现在对现实的全面重塑上。通过创意工具，用户能塑造出超越现实的场景和生物，这超越了传统艺术和设计的限制。Neuroscience of Creativity 理论为我们提供了理解大脑创造力过程的深刻视角，揭示了创造力如何重新构建和超越我们对现实的认知。

2）跨界的艺术体验

元宇宙结合了现实世界的艺术与数字技术，为用户带来前所未有的跨界艺术体验。这一体验可以从文化研究领域的 Hybridity（混合性）

理论角度进行解读。该理论强调了不同文化和媒介之间的混合能产生新的意义和体验。在元宇宙中，艺术体验常常将传统艺术形式与新兴数字技术如 AR 和 VR 结合，创造出多感官的艺术作品。数字手段的运用使用户能"触摸"并感受虚拟艺术作品的纹理，这在传统艺术中是不可实现的。

3）科技与艺术的交汇

元宇宙成为越来越多艺术家的创作平台，展现了科技与艺术的完美结合。Digital Aesthetics（数字美学）的研究探讨了数字时代艺术形式的美学和批评理论，这也为科技与艺术的融合提供了理论基础。艺术家在元宇宙中的创作实践被视为数字美学的实际应用案例，这些作品不仅是技术的展示，常常还带有强烈的个人或社会政治信息，因其在元宇宙中的呈现方式而获得了独特的审美价值。

总之，元宇宙为我们呈现了一种全新的沉浸体验，重新定义了我们对真实与虚拟的认知。随着技术的进步，我们相信这样的体验将更加丰富，真实与虚拟的界限将变得模糊。未来，或许只是一线之隔，真实与虚拟将不再是对立，而是互相交融。

2.2 生命模拟与系统复杂性：评估生物启发计算在元宇宙中的应用

随着科技进步和社会发展，数字生态已经成为我们日常生活的一部分。在这种背景下，定制化的交互体验不仅是一种追求，更是未来数字化世界的必然趋势。彭博社报道指出，随着用户对数字化体验的日益期望，元宇宙的发展已经从基础的互动模式走向了真正意义上的"定制化体验"。

2.2.1 用户期望的转变：数字互动的新时代

1. 数字技术与社会变迁

随着 5G、云计算和大数据技术的普及，我们的生活、工作和娱乐方式正经历着翻天覆地的变化。这些技术不仅改变了我们与数字产品和服务互动的方式，也深刻影响了社会结构和组织形式。通过对相关领域的研究和分析，我们可以清晰地了解数字技术如何塑造当代社会的面貌。例如，Schwab 提出的"第四次工业革命"理论强调了通信和互联网技术在社会进步中的关键作用。另外，Castells 的"网络社会"概念探讨了数字化时代的社会结构和网络化特征，为我们理解数字技术与社会变迁之间的关系提供了有益的视角。

2. 沉浸式体验的需求

当今，用户对数字体验的要求越来越高，他们希望能在数字世界中获得与现实世界相媲美甚至更加丰富的体验。心理学中的流畅理论为我们解释了人们在全神贯注地投入某项活动时所处的心理状态，这有助于我们理解用户对沉浸式体验的追求。同时，UX 设计原则的运用可以帮助我们创建更具吸引力和易用性的数字产品和服务，从而满足用户对沉浸式体验的需求。在教育领域，使用 VR 进行医学或航空培训等实践案例表明了沉浸式体验在提高学习效果和吸引学习者注意力方面的重要性和有效性。

3. 个性化与真实感

如今的用户不再满足于一成不变的、千篇一律的服务，他们希望数字产品和服务能根据个人偏好和需求进行定制，并且带来真实感的体验。认知科学的研究可以帮助我们理解用户处理信息和期望互动的方式，从而为个性化体验的设计提供理论支持。此外，个性化推荐系统和算法的发展使得定制化服务成为可能,这些技术利用机器学习等方法适应用户的行为和喜好。VR 中的"存在感"概念探讨了用户在虚拟环境中体验到的真实感,这对我们理解用户对数字体验的真实性和逼真性有重要意义。

2.2.2 AI 在定制化体验中的关键角色

1. 深度学习与用户行为分析

AI 在定制化体验中的首要角色是通过深度学习和神经网络对用户的行为模式进行深入分析。监督学习和非监督学习是 AI 在用户行为分析中的两大支柱。协同过滤和内容推荐系统,如亚马逊和 Netflix 所采用的,展示了 AI 如何通过分析用户行为为其个性化推荐产品和内容。深度学习技术,特别是循环神经网络(RNNs)和长短时记忆网络(LSTMs),在序列数据分析中发挥了关键作用,例如预测用户的点击流或购买行为。这些技术的应用对洞察用户行为的动态演变至关重要。

2. 情感状态的智能捕捉

AI 通过机器学习算法精准地捕捉用户的情感状态,通过语音和文本分析为用户提供更贴心的服务。情感计算是 AI 中的交叉学科领域,关注系统如何识别、解释和模拟人类情感。在情感分析方面,自然语言处理(NLP)和语音分析的情感检测技术通过使用情感词典和机器学习分类器,分析用户评论的情绪倾向。引用 Rosenthal 和 McKeown(2017)的情感分析工作或最新的 BERT 模型在文本情绪分类的应用,可以加强对情感分析的理解。

3. 个性化元宇宙的打造

通过深入分析用户数据,AI 完全可以根据用户需求和喜好为其定制一个专属的元宇宙。在讨论 AI 创建个性化元宇宙的话题中,可以引入个性化虚拟环境的设计原则和用户建模技术。这包括使用用户偏好、历史互动和社会网络分析定制虚拟空间和内容,探讨虚拟现实中的代理模型,如智能虚拟代理和可自适应的 NPCs,并讨论它们如何利用 AI 提供个性化用户体验。引入实际案例研究,如利用 AI 在教育和训练领域中创造个性化学习环境的例子,有助于将理论观点与实际应用相结合。

2.2.3 真实与虚拟的无缝融合

1. 真实感的追求

随着 VR 和 AR 技术的迅速发展,元宇宙为用户提供的体验正逐渐逼近真实世界。在追求真实感的过程中,"存在感"(Presence)理论成为关键概念,由 Slater 和 Wilbur(1997)定义。存在感探讨了多种因素对虚拟环境体验真实性的影响。此外,传感技术和触觉反馈的应用,如触觉手套和全身追踪系统,也在增强虚拟环境的真实感方面发挥了重要作用。

2. 界限的模糊

在元宇宙中,真实世界与虚拟世界的界限变得日益模糊,用户可以轻松在两者之间自由切换,获得双重的愉悦。探讨真实与虚拟界限模糊时,可以引用 Mihaly Csikszentmihalyi 提出的"流动理论"(Flow Theory),详细说明在高度沉浸和参与的活动中,人们如何经历到流状态。此外,通过 AR 技术(如微软的 HoloLens 或 Magic Leap 的产品),用户在现实世界中与数字信息和虚拟对象互动,为界限模糊提供了实际案例。

3. 技术与艺术的结合

技术的进步使得元宇宙中的场景、物体和角色更加生动,而艺术家则为这个虚拟世界注入了生命和情感,使其变得丰富多彩。谈到技术与艺术的结合时，可以深入探讨数字孪生（Digital Twin）技术在虚拟角色和环境创造中的应用，以及这如何影响艺术表现和用户体验。实际案例包括数字人类和虚拟影响者在社交媒体和在线互动中的应用，如虚拟偶像初音未来或 Zepeto 中的用户定制化虚拟形象。此外，艺术家如何使用程序生成技术（Procedural Generation）在游戏设计和虚拟环境创造中实现独特艺术风格也是一个值得深入研究的方向，例如 No Man's Sky 等实例。

在数字技术的推动下，元宇宙正快速演变成一个真实与虚拟、技术与艺术、个性与共性完美结合的世界。在这个过程中，定制化的交互体验成为最关键的驱动力。

2.3 新时代的网络基础：从信息网络到量子计算的革新

随着数字化时代的快速演进，元宇宙作为未来的虚拟世界代表，成为当下科技探索的前沿领域。为了支撑这一广袤的虚拟空间，新一代的网络技术将其能力与元宇宙的需求紧密结合，孕育出无数创新的可能性。本节探讨这些技术如何深度助力元宇宙的建设及其伴随的伦理挑战。

2.3.1 5G 与 6G 在元宇宙中的深度赋能：构建数据驱动的超高速连接新纪元

元宇宙，作为一个重构和超越传统现实界限的数字空间，正日益成为未来技术发展的焦点。在此背景下，5G 和 6G 网络技术，作为元宇宙的"动脉"，为整个系统输送了生命力。理解这两项技术如何为元宇宙赋能，需要我们深入探讨其技术优势、潜在挑战及其与元宇宙的协同作用。

1. 高速数据传输与实时互动：打破时间与空间的限制

1）实时数据处理

在多人在线的虚拟世界中，实时数据处理是关键。5G 和 6G 提供的超高带宽可以满足海量用户同时在线的需求，确保即时的信息反馈和沟通。在信息理论和网络通信领域，实时数据处理和传输的高效性是实现高度交互性虚拟环境的基石。借助量子化信息处理理论和 Shannon 信息论的原则，我们能够理解和预测数据传输中的极限。进一步地，5G 和即将到来的 6G 网络标准的实施，如 ITU（国际电信联盟）所规定，采用了先进的频谱利用策略和新型信号处理算法（例如，非正交多址接入，NOMA），为海量用户提供了并行在线的可能性，从而确保即时的信息反馈和沟通。这不仅有助于解决 Nyquist 定理中提到的带宽限制问题，也使得在紧密连接的网络拓扑结构中，如 Scale-Free 网络，信息能高效流动。

2）低延迟的沉浸体验

5G 和 6G 技术带来的低延迟不仅快，还为用户提供了真正的沉浸式体验，这在一些需要精准操作和高度协同的虚拟场景中尤为关键。从延迟角度看，低延迟网络（Ultra-Reliable and Low-Latency Communication，URLLC）在多用户互动虚拟环境中变得至关重要。这一领域的研究进展包括复杂网络同步理论，它解释了如何在分布式系统中实现精确的时间同步。低延迟和高可靠性技术的进展，如 MIT 的实验室在分布式 MIMO 系统中所展示的，确保了在 VR 和 AR 应用中实现真正的沉浸式体验，特别是在如远程手术这样的高精确度应用场景中。再者，随着边缘计算的发展，数据处理的地理和物理限制正被重新定义。通过将计算资源分布到网络边缘，可以将延迟减少到仅有几毫秒。例如，Google 的深度学习平台 TensorFlow 和边缘计算框架

TensorFlow Lite 在分布式网络中即时处理海量数据方面展示了显著的效能提升。

3）数据的高效流动

不仅人与人之间，元宇宙内各类设备、环境和智能体之间的数据交换也达到了前所未有的流畅度，打破了传统的数据瓶颈。数据的高效流动性在元宇宙的构建中扮演了核心角色。依据 Metcalfe 定律，网络的价值是网络中可互相通信的设备数量的平方，这意味着随着设备和用户数量的增加，元宇宙的价值和效能呈指数级增长。在这样的背景下，实现了数据的高效流动，打破了传统由于中心化服务器造成的数据瓶颈问题，如亚马逊的 AWS IoT Greengrass 和微软的 Azure IoT Edge 等服务都展示了向去中心化架构迁移的重大进步。

2. 物联网的超级连接：重塑现实与虚拟的桥梁

1）设备的广泛互联

与传统网络相比，5G 和 6G 引领着数量级的设备连接增长，为元宇宙中的每个物体提供了生命力，使其能与环境、用户和其他物体实时互动。从物联网（IoT）的简单机器到机器（M2M）通信再到复杂智能生态系统的演变，5G 和 6G 推动这一演变达到全新的高度。从 Kevin Ashton 首次提出物联网概念以来，我们见证了各种理论和应用的发展，包括 Mark Weiser 对普适计算的愿景和智能物品（Smart Things）概念，预示了物品能无缝集成并相互通信的未来。随着 5G 和 6G 网络的推进，贝尔实验室的无线通信基础研究和多点控制协议（MCP）为实现数量级的设备连接提供了理论基础和技术路径。特别是 Massive Machine-Type Communications(mMTC)作为 5G 的重要组成部分，专为支持大规模的 IoT 部署而设计，使得元宇宙中的每个物体都能实现互联，进而模拟和增强现实世界交互。

2）模拟真实世界的复杂性

元宇宙不仅是一个简单的数字世界，它需要模拟真实世界的复杂性和丰富性。通过 5G 和 6G 技术，各种传感器、智能设备和虚拟实体能形成一个高度复杂的网络，模拟真实的物理和社会规律。在模拟现实世界复杂性方面，我们不仅需要高度互联的网络，还需要能处理大规模数据并提供深度学习能力的智能系统。通过类脑计算模型和深度学习框架，如 Google 的 DeepMind 创建的 Neural Turing Machines，我们可以为虚拟实体提供自我学习和适应环境的能力，从而模拟现实世界的动态复杂性。

3）灵活的网络结构

与传统的中心化网络结构不同，5G 和 6G 更加注重边缘计算和分布式结构，使元宇宙能根据需要灵活调整和优化。至于灵活的网络结构，5G 和 6G 的发展不仅在带宽和速度上有所突破，更重要的是其对网络架构的重新构想。传统的中心化网络结构受到边缘计算的挑战，后者通过在网络的边缘进行数据处理和存储，大大减少了数据传输的延迟，同时提高了可扩展性和弹性。这一转变在 van Jacobson 的内容中心网络（Content-Centric Networking，CCN）理论中得到体现，CCN 提出一种根据内容而非物理位置传输和获取数据的网络架构，从而实现了更高效的数据流动。

3. 网络的稳定性与安全性：构建元宇宙的坚实基石

1）高可靠性的通信

5G 和 6G 不仅提供高速传输，更关键的是它们具备高可靠性，确保元宇宙中的关键交互和事件能稳定、连续地进行。通过 5G 和 6G 的技术，诸如大规模 MIMO 和高频毫米波通信等关键技术，构建了支持高可靠性通信（Ultra-Reliable Communication，URLLC）的基础。

5G 网络的设计中已包含对关键业务的支持，如远程医疗和工业自动化，这些应用场景要求网络具备 99.999% 的可靠性。随着 6G 研究的深入，人工智能辅助的无线资源管理和智能反射表面等概念正在被探索，以进一步提升网络的可靠性。

2）数据安全与隐私保护

在元宇宙中，数据不仅是数字，更代表着用户的身份、隐私和价值。5G 和 6G 技术在设计之初就充分考虑了数据安全和隐私保护，确保用户权益不受侵犯。根据 GDPR 和其他国际隐私保护法规的指导，5G 和 6G 采取了端到端加密、匿名化处理和最小化数据收集原则等措施。近年来的研究还在探索区块链技术在通信中的应用，以确保用户数据和隐私的安全性。

3）网络的自我修复和优化

5G 和 6G 网络通过先进的网络切片、虚拟化和人工智能技术，实现了网络状态的实时感知、自我修复和优化，确保元宇宙稳定运行。网络切片允许为不同的服务需求创建隔离的网络环境，提高了网络的灵活性和可管理性。虚拟化技术提高了网络资源的利用效率和灵活性。人工智能在网络优化方面的应用也在快速发展，通过深度学习算法实时分析网络流量、预测并解决网络故障，提高了网络的自适应性和鲁棒性。通过集成这些技术，可以构建一个自学习、自适应、自优化的网络系统，为元宇宙提供稳定的支持。

综合看，5G 和 6G 网络技术为元宇宙的构建和发展提供了强大的技术支撑，但也带来新的挑战和问题。如何充分发挥这两项技术的优势，同时解决其带来的伦理、社会和安全问题，是元宇宙发展的关键。这需要我们进行深入的研究和探讨，确保技术和人文在元宇宙中和谐与统一。

2.3.2 量子网络在元宇宙中的深层赋能：迈向新一代的信息时空

在探索信息技术未来边界的过程中，量子网络作为一项具有前瞻性的技术，为我们开启了通向无限可能的新纪元。元宇宙，作为一个备受关注的数字化空间，与量子网络的融合可能引发信息技术的下一次革命。本节旨在深入探讨量子网络技术的核心特点、其为元宇宙带来的变革，以及相关的深层次伦理和哲学问题。

1. 超高安全性的信息传输：量子密码学的重构

在当前数字时代，随着元宇宙的兴起，信息安全性成为人们关注的焦点。传统密码技术面临来自大数据和人工智能的挑战，而量子密码学以其独特的物理属性为信息传输带来更高的安全性。量子物理的不可克隆原理为数据安全提供了坚实的基础。量子比特的不可复制性使得任何试图复制或读取量子信息的行为都将导致信息改变或破坏。量子密钥分发（QKD）利用量子比特的独特性，实现了安全密钥的共享，通过量子通道传输的密钥具有理论上的安全性。然而，实际应用中仍面临技术和实施挑战，例如，量子信道的维护和量子比特的存储仍存在技术障碍。

2. 量子密钥分发：在纠缠中寻求绝对的安全性

量子纠缠作为一种非直观的量子现象，为量子信息科学提供了全新的机制和可能性。利用量子纠缠，双方可以确保即使存在潜在的窃听者，通信也能保持绝对安全。然而，如何在技术上实现长距离的量子纠缠和信道的高保真度传输仍然是研究的热点。实践中的挑战包括量子信道的噪声和量子态的不稳定性，这些因素给 QKD 系统的实际部署带来了挑战。量子密码学为构建元宇宙的安全基础提供了关键支持，特别是在保护用户数据和隐私方面，其作用尤为突出。

3. 量子密码学的未来展望：真正的端到端加密

随着大数据和人工智能技术的快速发展，传统密码学可能面临被破解的风险。量子密码学作为最有希望的解决方案之一，提供了真正的端到端加密。端到端加密要求数据在传输路径的每一点都是加密的，从而防止中间人攻击和其他类型的窃听活动。QKD 技术通过量子通道分发密钥，保障了密钥的安全分发，为实现真正的端到端加密提供了可能。量子密码学为元宇宙中的安全保障提供了坚实基础，其在全球范围内的实际应用前景令人期待。

通过深入探讨量子网络技术与元宇宙的结合，本节旨在呈现一种对未来信息时空的全新构想。量子密码学的理论与实践正在日益紧密结合，其核心优势在于提供无条件的安全性，尤其在端到端加密方面具有潜力。在未来的元宇宙时代，量子密码学将成为支撑数字世界安全发展的重要工具，其技术的不断成熟和普及将为数字世界带来革命性的安全保障。

第 3 章

艺术与文化的数字重生

03

3.1 数字艺术与元宇宙：从传统到创新的审美革命

随着科技的高速发展，传统艺术与数字艺术的融合成为当下的文化趋势，其中元宇宙更是为这种融合提供了广阔的舞台。这不仅是技术与艺术的交汇，更是一种深刻的文化演变与社会认知的碰撞。

3.1.1 传统与数字：艺术的演变与文化驱动

深入研究艺术与技术的交融，我们发现这不仅是一次工具上的变革，更是文化和创作哲学的重大转折。传统与数字之间的边界已变得模糊，这种模糊性反映了人类认知、表达和交流方式的深刻变革。

1. 数字技术与艺术表达的深度整合

1）再现与创新的平衡

艺术家在探索传统表达方式和创新思路的平衡点时，数字技术为其提供了强大的工具。随着计算机图形学和数字渲染技术的发展，数字艺术不仅可以模仿现实世界，更能打开探索新维度的大门。超现实主义的 3D 渲染技术如 Bourriaud 的"后生产"理论所述，不仅能创造逼真的视觉效果，更能在虚拟现实中创造沉浸式艺术体验。Manovich 在《软件文化》中深刻探讨了数字技术如何重新定义艺术创作和观众参与的方式。

2）技术对艺术哲学的挑战

相较于传统艺术媒介，数字艺术更强调概念和技术的创新，引发了关于艺术价值本质的哲学问题。在 Walter Benjamin 的《艺术在复制时代的作品》中，他探讨了技术如何影响艺术的原创性和独特性。数字艺术的民主化特点使得更多的人能参与创作，但也使艺术作品面临原创性和独特性的挑战。

3）跨媒介的探索

数字技术的出现提供了跨越不同媒介的可能性，艺术家可以将声音、视觉元素和互动性融合，为观众带来多维度的体验。Bolter 和 Grusin 在《再现的透明度：视觉和多媒体的再现》中详细探讨了这种多媒体艺术形式如何影响我们对艺术和现实的认识。

2. 数字艺术与全球化文化

1）文化的即时性

随着互联网的发展，艺术作品能在极短的时间传播到全球。然而，这种即时性带来一系列的挑战，例如如何保护艺术作品的版权。Castells 在网络社会理论中深刻分析了这种全球即时性的文化传播，提出了相应的解决策略。

2）全球与地方的张力

数字艺术在全球传播的同时，也受到地方文化的影响，形成了全球与地方的张力。Appadurai 在关于全球化文化维度的研究中详细探讨了这种文化张力的来源和影响。

3）混合文化的出现

数字艺术的发展催生了一种新的混合文化艺术形式，为不同文化背景的艺术家提供了合作和交流的机会。Bhabha 在其关于文化混杂的研究中，深入分析了这种文化融合和创新，为我们理解和欣赏混合文化艺术提供了理论框架。

3. 数字工具与艺术创作的民主化

1）创作的民主化

数字工具的普及和经济性降低了艺术创作的门槛，使更多人能参与到艺术创作中。Ito 等在"参与性文化"的研究中深入探讨了数字工具的普及如何使艺术创作变得更加民主化。

2）观众的参与

在数字艺术的创作过程中，观众不再是被动的接受者，而成为创作的一部分。Jenkins 在其关于"媒体融合"和"互动性"的研究中详细分析了这种趋势，认为这是一种新的文化形式，对传统的艺术观念和创作方式构成了挑战。

3）多样性的扩张

数字工具的普及使得来自不同文化、背景和性别的艺术家有了展示自己的平台，从而使艺术世界变得更加多样化。Banks 在关于"文化多样性"和"艺术创作"的研究中，探讨了这种多样性如何对艺术世界和社会文化产生积极影响。

总之，从传统到数字，艺术的演变不仅是形式上的改变，更是对社会、文化和技术的深刻回应。这种变革不仅影响了艺术的形式，更改变了我们对艺术的理解和定义，对 21 世纪的文化和社会产生了深远的影响。

3.1.2 虚拟与真实：元宇宙与艺术的再认识

在深入探讨艺术的本质和存在价值时，元宇宙为我们提供了一种前所未有的视角。它不仅重新定义了艺术与观众之间的关系，同时挑战了我们对"真实"和"虚拟"的传统认知。元宇宙的出现不仅是技术进步带来的新形式展示，更是对艺术哲学与审美理念的深度拓展。

1. 真实与虚拟的重构

1）空间的重新解读

随着元宇宙概念的提出和发展，艺术展示的空间不再局限于物理世界，而是扩展到了虚拟空间。观众通过全新的方式与艺术作品互动，例如"走进"画作，直接与画中的元素互动。这种前所未有的互动性打破了传统艺术中"观察者"和"作品"之间的界限,在新媒体艺术的研究中得到广泛关注,学者认为这代表了艺术空间解读的一次重大变革。

2)沉浸式的体验

通过先进的 VR 和 AR 技术,艺术创作和欣赏的过程变得更加互动和沉浸。观众不再是被动的接受者,而是能活跃地参与到艺术的每个细节中,如同置身于一个全新的维度。这种沉浸式的体验不仅增强了观众对艺术作品的感知,也为审美体验提供了新的可能性。在数字艺术和新媒体艺术的研究中,这种体验方式被认为是对传统审美经验的一种挑战和扩展。

3)真实的定义

在虚拟与现实交织的艺术体验中,我们开始重新审视"真实"的定义。当观众在与虚拟艺术品的互动中产生真实的情感和体验时,真实与虚构之间的界限变得模糊。这种模糊性不仅是对个体感知的挑战,也是对哲学和美学中"真实"概念的重新考量。如何定义真实,如何理解虚拟与现实的关系,成为新媒体艺术和数字艺术研究中不可回避的重要议题。

2. 跨学科与艺术的融合

1)无界限的创作

随着元宇宙概念的不断深入人心,艺术创作的边界正逐渐模糊。音乐、舞蹈、影像、数字雕塑等多种艺术形式能自由组合和融合,形成超越传统艺术分类的全新作品。这种趋势不仅提供了广阔的创作空间,也挑战了我们对艺术形式和分类的传统认识。从文化研究的角度看,这反映了一种后现代主义的艺术实践,强调了艺术创作的多样性和去中心化(Bourriaud,2002)。在这种环境下,艺术创作变得无界限,激发了创作者的创新精神和想象力。

2)综合性的艺术品

跨学科的艺术创作推动了艺术作品的多元化发展。以数字雕塑为例，它不再局限于形态、颜色和纹理的表现，而是可以整合音乐、动画等多种元素，并与其他艺术作品进行互动，形成复杂多维的艺术生态。这种综合性的艺术作品体现了 Deleuze 和 Guattari（1987）提出的"流动性"和"多维度"概念，为观众提供了更加丰富和深刻的审美体验。同时，这也符合艺术和科技融合的当代趋势，体现了数字技术对艺术创作方式的深刻影响。

3)多学科的碰撞

元宇宙为不同领域的创作者提供了一个共同工作和交流的平台。艺术家、音乐家、程序员、动画师等能够会聚一堂，共同参与艺术创作，推动艺术创新的发展。这种跨学科的合作模式打破了传统艺术创作的边界，促进了不同领域知识和技能的交流与融合。从创新理论的角度看，这种跨学科合作是创新的重要源泉，有助于产生新的想法和解决方案（Rogers，2003）。观众因此能体验到独特而前所未有的艺术作品，感受到艺术与科技、艺术与其他学科的深度融合所带来的新的审美和思考空间。

3. 艺术与观众的新型关系

1)双向的交互

在元宇宙这个全新的虚拟环境中，艺术家和观众之间的互动实现了质的飞跃。与传统的单向呈现不同，双方现在能进行实时交互，共同参与艺术品的创作或改进过程。这种互动性质的变革，从社会学的视角看，代表了权力关系的转移，艺术家不再是唯一的创作者，观众也成为创作过程的重要参与者（Bourdieu，1993）。这种现象也得到了协作创新理论的支持，该理论认为通过合作和共享资源，可以创造出更丰富和创新的艺术作品（Chesbrough，2003）。

2）观众的参与感

元宇宙提供了一个公共平台，使观众能更加深入地参与艺术创作和演绎的过程。他们不再是外部的旁观者，而成为作品的一部分。这种参与感的增强，不仅丰富了观众的审美体验，也加强了他们对艺术的认同和情感投入。社会认同理论（Tajfel & Turner，1979）提供了一个框架，解释了个体如何通过参与和认同一个群体构建自己的社会身份，在这里也是适用的。

3）深化人与艺术的联系

通过这种新型的交互方式，人与艺术之间的联系得到了深化。艺术不再是高高在上、遥不可及的存在，而是渗透到每个人的日常生活中，成为我们情感和认知世界的一部分。心理学家 Csikszentmihalyi 的流理论（1990）提出，完全投入并参与某项活动时，个体会经历一种被称为"流"的状态，这种状态带来深切的满足和幸福感。在元宇宙中，观众与艺术品的深度互动提供了实现这种"流"状态的可能性，从而增强了人们对艺术的情感连接和认识。

总体而言，元宇宙为艺术领域带来了一场革命，不仅在形式上，更在哲学和理念上。这需要我们重新审视艺术的定义，以及其在人类文化和心灵中的位置。

3.1.3　元宇宙中的艺术市场：数字化转型下的文化价值与资本逻辑

在当代信息社会与数字经济的交汇处，元宇宙的崛起重新定义了艺术与经济之间的关系，引发了对艺术市场进行深刻重构的需求。这场变革超越了表面的技术革命，涉及文化、社会和经济维度的重要重构。

1. 艺术与经济的重新定位

1）虚拟化的艺术经济

随着元宇宙概念的兴起，艺术市场正经历前所未有的变革。传统的实体作品交易模式正在向基于信息和数据交换的虚拟化形式过渡。网络经济学的角度认为，在数字环境中，信息的流通和交换成为经济活动的核心（Shapiro & Varian，1999）。虚拟画廊和数字艺术品拍卖的兴起体现了这一理论，为艺术市场创造了更流动、更高效的交易平台，提升了艺术品的市场繁荣，并使购买和收藏变得更加便捷。

2）数字资产的价值认证

在虚拟化的艺术市场中，区块链技术发挥着至关重要的作用。作为数字艺术品的核心驱动力，区块链为每件作品提供了不可篡改且透明的认证过程，确保了艺术品的独特性和价值。这种技术与数字签名和加密货币的概念相契合，其在其他领域的成功应用证明了其在艺术市场中确保交易安全性和验证数字资产方面的能力（Narayanan et al.，2016）。在艺术市场中，这为投资者带来了高度的信任和安全感，推动了数字艺术品市场的增长和繁荣。

3）去中心化的交易模式

随着虚拟化艺术经济和区块链技术的发展，艺术市场的交易模式发生了根本性的变化。艺术家和收藏家之间的交易逐渐摆脱了传统的中介机构，实现了更为直接的交易。这不仅大大降低了交易成本，也提高了市场的透明度和效率。这种去中心化的交易模式与加密经济学中的去中心化金融（DeFi）理念一致，主张通过区块链和智能合约去除传统金融中介，提供更高效、更公平的金融服务（Zohar，2015）。

2. 艺术的全球化与本土化并行

1）无边界的艺术市场

元宇宙构建的数字空间打破了地理和政治边界，为艺术家提供了一个真正无国界的市场。这种全球化的艺术市场促进了艺术作品的流通和交易，为艺术家提供了更广阔的展示和发展空间。全球化理论的视角，如 Appadurai（1996）提出的"流动性维度"概念，强调技术进步如何促使文化、人员和信息的跨界流动，从而重构了全球文化经济的格局。元宇宙是这种全球化流动性在艺术领域的体现，使艺术市场变得更加灵活和开放。

2）多元文化的融合与冲突

在这个无边界的市场中，来自不同文化背景的艺术家和作品相互交流和碰撞。这种多元文化的融合既有可能激发新的创意火花，也可能引发文化反思和冲突。这与文化研究领域中关于"文化杂交"（cultural hybridity）的概念一致，强调在全球化背景下，文化的相互影响和融合是不可避免的（Bhabha，1994）。然而，这种融合并非总是和谐的，有时也可能引发文化冲突和抵抗，这要求我们在推崇文化交流和创新的同时，也要对文化多样性和独特性保持尊重。

3）地域文化的数字保留

尽管元宇宙提供了全球化的平台，但它同时也是一个强大的数字化工具，有助于保留和传播各地区的文化遗产。这种数字保留不仅有助于确保地域文化持续存在，也为全球观众提供了了解和体验这些文化的机会。这与数字人文学科中的"数字保存"（digital preservation）概念相吻合，该概念强调利用数字技术保存文化遗产，以便未来世代能访问和学习（Seadle & Greifeneder，2007）。这样，元宇宙不仅是全球艺术交流的舞台，也成为地域文化传承的重要空间。

3. 传统审美与数字创新的对话

1）新的艺术语言

元宇宙中的数字艺术品，利用 VR、AR 等先进技术手段，为观众呈现了一个超越物理界限的审美体验。这种体验不仅在视觉上打破了传统的艺术形式，更在感官和认知层面上提供了全新的挑战和可能性。这与现代艺术理论中关于"后媒介"条件下艺术实践的讨论是一致的，这一理论强调在数字时代，艺术的形式和内容都在经历前所未有的变革（Manovich，2001）。元宇宙中的数字艺术就是这种变革的直接体现，它不仅创造了新的艺术语言，也为艺术欣赏和评论提出了新的挑战。

2）艺术的民主化

数字工具的运用使艺术创作和展示更加民主化，任何人都有机会在元宇宙中创作和展示自己的作品，不再受制于传统艺术界的门槛和规则。这一现象体现了"长尾"理论（Anderson，2006）在艺术领域的应用，即通过互联网和数字技术，小众和独立的艺术创作者也能找到自己的观众，形成庞大而多样的艺术生态。元宇宙的开放性和包容性为这种艺术生态的形成提供了良好的土壤。

3）技术与艺术的融合

数字技术的发展不仅为艺术提供了新的展示形式，更为艺术创作提供了新的思考角度和工具。艺术家可以利用编程、数据可视化等技术手段，将传统的审美理念和现代的数字技术进行融合，创作出既具传统韵味又富有创新精神的作品。这一现象与数字人文学科中关于技术与人文学科融合的讨论相吻合，它强调利用数字技术拓宽人文学科的研究范围和方法，推动传统学科的创新（Schreibman，Siemens & Unsworth，2004）。在元宇宙中，技术与艺术的融合不仅为艺术创作提供了新的可能性，也为观众提供了更加丰富和多元的审美体验。

综上所述，元宇宙中的艺术市场不仅是技术进步的产物，更是文化和经济逻辑相互作用的结果。这种相互作用既有其历史的延续性，也有其独特的当代性，为我们提供了一个深入探讨艺术、技术和经济关系的独特视角。这个视角不仅能深刻理解当前数字化转型对艺术市场的影响，同时也为未来的研究和实践提供了有益的启示。

3.2 虚拟身份与叙事：讨论叙事理论在元宇宙中的新形式

在元宇宙中，虚拟身份与叙事理论相互交织，呈现出全新的表达方式。元宇宙为个体提供了参与全球性故事的机会，通过虚拟身份，每个参与者都成为叙事的创作者和主角，为叙事理论注入了新的生命力。这种融合将叙事从传统的线性叙述中解放出来，赋予了更多的可能性，同时也挑战着我们对叙事结构的传统理解。

3.2.1 元宇宙中的文学叙事：全新篇章与前沿机遇

在技术飞速发展的今天，文学作为人类灵魂的精神食粮，正在不断探索和创新。元宇宙，作为一个备受瞩目的领域，正引领着文学领域一场空前的叙事革命。本节将深入研究元宇宙如何重新塑造文学叙事的格局，提供前所未有的创作空间，以及其所孕育的新的文学形态与风格。

元宇宙：叙事的边界、维度与互动性

在数字化和虚拟化不断渗透的今天，元宇宙作为一个新兴概念正逐渐改变人们的生活、交往和文化表达方式，尤其在文学领域，元宇宙为叙事提供了前所未有的革命性空间。它的出现不仅是对现实叙事的模拟或延伸，更重要的是，它开创了一种全新的、多维度的、非线性的、实时互动的叙事方式，从而为文学创作带来了无限的可能性。

1）无限的创意边界与超现实沉浸

（1）创意空间的开放性。元宇宙为作家提供了一个几乎无边界的创作舞台，打破了传统叙事空间的物理和逻辑限制。这种开放性的创意空间源自"虚拟空间"理论的应用，该理论认为数字环境可以模拟或创造现实世界无法实现的空间（Manovich，2001）。元宇宙作为一种虚拟空间，允许作家通过数字技术塑造出任何他们能够想象到的世界，不受传统物理规则的束缚。这种开放性不仅激发了作家的创造力，也为叙事提供了无限的可能性。

（2）沉浸式的体验。元宇宙中的虚拟环境让读者可以身临其境地体验故事，而不仅是作为旁观者。这种沉浸式体验的理论基础可以追溯到"沉浸理论"（Immersion Theory），它认为通过创造一个包裹感强烈、感官丰富的环境，可以增强人们对内容的感知和反应（Murray，1997）。在元宇宙中，这种沉浸感让人们有机会更深入地理解和感受故事中的每一个细节，创造出一种独特而强烈的阅读体验。

（3）超现实与现实的交织。利用元宇宙中虚拟与现实的交织，作家可以灵活运用超现实与现实之间的张力，创造出既奇幻又真实的叙事空间。这种技术与艺术的结合体现了"超现实主义"艺术流派的影响，它强调通过将梦幻、幻想元素与现实世界相结合，创造出一种超越现实的艺术效果（Breton，1924）。在元宇宙中，作家能利用数字技术将超现实元素无缝地融入故事中，增强叙事的深度和吸引力，为读者提供一种全新的文学体验。

2）多维度与非线性叙事

（1）多维度的故事线。传统的叙事受限于线性的时间和空间结构。然而，在元宇宙中，基于"叙事多维度理论"（Narrative

Multidimensionality Theory），时间和空间可以被重新定义和重组，为叙事提供了更丰富和复杂的维度（Bal，1997）。这种多维度的叙事不仅打破了传统叙事的局限，也为叙事提供了更广阔的创造空间，允许作家以更加灵活和创新的方式讲述故事。

（2）交错的叙事路径。 在元宇宙中，作家可以运用"交互叙事"（Interactive Narrative）的理念，为同一个故事设定多个可能的发展路径，每个路径都可以带来完全不同的结局（Jenkins，2004）。这种叙事方式不仅增加了故事的复杂性和可玩性，也为读者提供了一种更加丰富和参与度更高的阅读体验。

（3）非线性的叙事结构。 利用元宇宙的技术特性，作家可以打破传统的时间顺序，创造出一种"非线性叙事"（Nonlinear Narrative）的结构。这种结构允许故事的开头、发展和结尾以任意顺序展开，更加注重故事元素之间的关联性，而非时间上的先后顺序（Ryan，2004）。这种非线性叙事不仅挑战了传统叙事的范式，也为叙事提供了更多的可能性和自由度，激发了作家的创造力。

3）实时性与互动叙事

（1）叙事的灵活性。 在元宇宙中，叙事结构的灵活性得到极大的增强。根据"适应性叙事"（Adaptive Narrative）的理论，故事可以根据读者的互动和反馈实时调整，为读者提供独特的叙事体验。适应性叙事理论认为，故事的叙述结构应能适应不同读者的需求和反应，从而提供更加个性化和丰富的阅读体验（Murray，2017）。例如，通过分析读者的互动数据，作家和算法可以共同调整故事的情节、人物关系和主题，使其更贴合每个读者的兴趣和喜好。这种基于数据驱动的叙事调整不仅提升了故事的吸引力，也为叙事的多样性和创新提供了更广阔的空间。

（2）参与性的创作。 元宇宙强调了读者在叙事过程中的参与性和创造性。在这个数字化的空间中，读者可以直接参与到故事的创作和改编中，成为故事的共同创作者。这种"共创叙事"（Co-Creative Narrative）的模式突破了传统的作者与读者的界限，将读者从被动的接受者转变为主动的参与者（Jenkins，2009）。通过在元宇宙中提供创作工具和平台，读者可以根据自己的想象和创意，创作出自己独特的故事版本，甚至与其他读者共同创作，形成一个多元化和开放的叙事生态。

（3）社交与叙事的结合。 元宇宙为叙事提供了一个社交化的环境，使得故事的发展不再完全取决于作家，而是可能受到所有参与者的影响。这种"社交叙事"（Social Narrative）的模式，将叙事与社交网络相结合，形成了一个多方参与、互动共创的叙事平台（Boyd，2010）。在这个平台上，读者、作家和其他参与者可以共同讨论、修改和演绎故事，形成一个复杂而丰富的叙事网络。这种模式不仅促进了叙事内容的多样性和深度，也为社区的建设和文化的传播提供了新的可能。

综上，元宇宙不仅为文学创作带来了新的叙事空间，更重要的是，它为叙事提供了全新的理念和方法。这种革命性的变革将不可避免地影响文学的本质和价值，从而为文学研究和创作带来新的思考和挑战。

3.2.2 元宇宙与互动叙事：重构参与感与多感官体验的边界

随着技术和文化的交融，传统叙事正经历着边界的挑战与拓展。元宇宙的概念在这一变革中展现出不可忽视的革命性趋势，不仅是技术上的变革，更是文化、哲学和社会意义的演变。深入探讨互动叙事在元宇宙中的发展，我们将从以下 3 个维度对其进行深化与拓展。

1. 沉浸与参与性的叙事体验

1）读者的转变

在元宇宙环境下，读者的角色经历了根本性的转变，从传统的叙事接受者转变为活跃的参与者。这一变化得益于"叙事沉浸理论"（Narrative Immersion Theory），该理论通过技术和互动设计强调提升读者在故事世界中的沉浸感（Ryan，M.L.，2001）。在元宇宙中，读者能直接与叙事环境互动，甚至有能力影响故事的发展方向。这种互动性不仅增强了读者的参与感和沉浸感，也使得叙事体验更为动态和个性化。例如，在一些互动式小说和角色扮演游戏中，读者的选择直接决定了故事的走向和结局，每位读者都能获得独特的体验。

2）个性化叙事路径

在元宇宙的叙事体验中，读者的互动行为成为影响故事走向的关键因素，这种现象被称为"多端叙事"（Multi-Path Narrative）。多端叙事的结构允许故事拥有多个可能的发展路径和结局，读者的每个选择都可能导致故事走向全新的方向，形成一种高度个性化的叙事体验。这种结构的典型例子包括互动式电影和视觉小说，其中每个读者的选择都影响着故事的发展，使每个人都能获得独特的故事体验。

3）共创与社交属性

元宇宙的叙事不仅是一种单向的从作者到读者的传播过程，它还强调了读者之间的互动和合作。通过"共创叙事"的模式，读者可以共同参与故事的创作和发展，使叙事内容变得更加丰富和多元。这种模式的实践例子包括在线协作写作平台和社交阅读应用，其中读者可以共同创作故事、分享阅读体验和讨论故事内容，形成一个充满互动和参与感的社区。这种共创和社交属性不仅增强了叙事体验的丰富性和深度，也为文学创作和阅读带来了新的可能性和挑战。

2. 跨媒体的艺术融合

1）多感官体验

元宇宙中的文学创作超越了传统的文字限制，它能将音乐、视觉艺术、动态图像等多种元素结合起来，提供一个全方位的多感官体验。这种体验基于"多感官整合理论"（Multisensory Integration Theory），该理论认为人类的感知是一个整体的过程，不同感官的信息会在大脑中整合，从而产生更加丰富和完整的体验（Stein, B. E. & Meredith, M. A., 1993）。例如，通过虚拟现实技术，读者可以"置身"于故事中，听到人物的对话，看到故事发生的环境，甚至能够感受到故事中的氛围和情感，这种体验远远超越了传统阅读的范畴。

2）艺术形式的交互

在元宇宙的文学作品中，不同的艺术形式不再是孤立的存在，而是可以相互作用和影响。音乐的节奏和旋律可以用来调节叙事的情感和氛围，为读者提供一种更为直观和强烈的感受；视觉元素则可以为文本内容提供具象的描绘，帮助读者更好地理解和想象故事情节。这种艺术形式之间的交互体现了"跨媒体叙事"（Transmedia Storytelling）的理念，即通过不同媒体和艺术形式共同讲述一个故事，提供一个多层次、多维度的叙事体验（Jenkins, H., 2003）。

3）媒介之间的对话

在元宇宙中，各种艺术媒介不再孤立存在，它们之间可以进行引用和交融，共同构建一个统一而丰富的叙事体系。这种媒介之间的对话和融合，既可以加深读者对故事的理解，也能为文学作品带来新的表现力和创意。例如，电影和游戏产业中的一些跨媒体项目，成功地将影像、音乐、文本等元素结合起来，为观众提供了一个前所未有的沉浸式叙事体验。

3. 技术推动的叙事创新

1) 现实与虚拟的叠加

利用 AR 和 VR 技术，叙事可以在真实和虚拟世界之间无缝切换，为读者带来沉浸式的体验。这种技术不仅可用于虚构故事的讲述，也可用于数据可视化和复杂金融信息的呈现，使得信息更加直观和易于理解。以 AR 为例，其应用于教育领域的研究已经显示出其在提高学习效果和学生参与度方面的巨大潜力（Billinghurst，M. & Duenser，A.，2012）。

2) 数据驱动的个性化

通过大数据分析和机器学习技术，我们可以对读者的阅读习惯、喜好和行为进行深入分析，从而提供更为精准和个性化的叙事内容。这种个性化不仅体现在内容的选择和推荐上，还体现在叙事风格和节奏的调整上，确保每位读者都能得到最佳的阅读体验。Netflix 等在线流媒体平台的推荐系统就是一个成功的案例，通过分析用户的观看历史和行为，它能提供精准的内容推荐，极大地提高了用户满意度和留存率（Gomez-Uribe，C. A. & Hunt，N.，2016）。

3) 新的叙事工具与平台

区块链技术提供了一种新的方式来确保叙事内容的真实性和不可篡改性，在金融新闻和报道中尤其显得重要。通过在区块链上记录文章的发布时间和作者信息，我们可以防止虚假新闻的传播，并保护原创内容不被盗用。社交媒体和云计算则为叙事提供了新的传播渠道和互动平台，使得内容能够迅速传播，读者之间能方便地进行讨论和互动。这种社交化的叙事不仅提高了叙事内容的影响力，也促进了读者社群的形成。

综合上述分析，元宇宙为叙事提供了一个多维度、跨媒体、高度互动的新空间。这不仅为叙事带来形式上的创新，更深层次地挑战和拓展了叙事的哲学和文化内涵。在这一背景下，文学研究和创作将面临新的机遇和挑战，需要我们持续关注和探讨。

3.2.3 元宇宙与文学进化：探索叙事的多维度、融合与协同创作

文学作为人类精神文化的表达和创造方式，一直在与时俱进。随着元宇宙时代的到来，我们不仅目睹了文学艺术在形态、风格和创作逻辑上的深刻变革，更发现这种变革背后蕴含着人类对叙事、参与和艺术表达全新认知的探索。

1. 多维度的叙事空间

1）解构与重构时间

在元宇宙中，传统的线性叙事模式经历了根本性的解构与重构。数字技术的运用使得作家能自由选择故事起点和终点，甚至并行展开多个时间线。这一思想得到 Gérard Genette 在《叙事学》中所探讨的"时间的解构"理论的启发。Genette 认为，叙事时间应该能够被灵活操作和变形，以创造出不同的叙事效果。在元宇宙中，这一理论的深刻运用使得读者可以在不同时间维度中自由穿梭，体验多样化的叙事路径。

2）空间的无限拓展

元宇宙重新定义了空间概念，摆脱了对物理世界的限制。作家可以根据创意设定任何场景，无论是超现实的梦境还是遥远的星系。这种无限拓展的思想得到心理学家米哈伊·恰克拉维希在"流"理论中的支持。他认为当人们完全沉浸在某个活动中时，就会进入"流"的状态，感受到极致的快乐和满足。元宇宙的无限空间为达到这种状态提供了理想条件。

3）深化参与与沉浸

多线性叙事结构将读者从故事的旁观者转变为故事的一部分，并通

过选择不同的叙事路径影响故事的发展。每次选择都可能引导至全新的故事结果，形成了一个动态、开放的叙事体系。这种参与式叙事受到简·默里在《哈姆雷特在霍洛卡斯特》中的讨论的启发，她认为数字技术为叙事提供了全新的形式和可能性，使叙事变得更加互动和参与性。通过引入这些理论和研究，我们可以深刻理解元宇宙中多维度叙事空间的特点和影响，为数字金融领域提供新的视角和思考。

2. 跨艺术形式的融合与互动

1）综合艺术的新篇章

元宇宙中，文学不再孤立存在，而是与音乐、影像、动画以及数字雕塑等多种艺术形式相互融合，形成全新的综合艺术。这种艺术形式的结合得到 Nicholas Cook 在《音乐与意义》中"多媒体互文性"理论的支持，他提出不同艺术形式之间的结合可以产生新的意义和体验。元宇宙为这种互文性提供了理想平台，为读者提供了一个五感并用的艺术体验。

2）交互性与感知

元宇宙中的叙事不仅是多感官的，也是高度交互的。背景音乐可以影响故事情节的发展，而读者的操作或选择可能改变故事中的视觉元素。这种交互性得到 Don Norman 在《设计心理学》中"感知行动循环"理论的支持，他认为人类的感知和行动是相互影响的，通过改善用户界面的设计，可以增强用户的参与感和体验。在元宇宙中，这种理论可以应用于叙事的设计，通过增强交互性提升读者的沉浸感。

3）元宇宙的社交性

元宇宙不仅是一个综合艺术的平台，还是一个社交的空间。故事可以与其他作品、事件甚至其他读者发生互动，形成一个复杂的叙事网络。这种社交性得到亨利·詹金斯在《跨媒体叙事》中的讨论的启示，他提出在数字时代，叙事可以跨越不同的媒介和平台，形成一个共享的叙事宇宙。元宇宙正是这种跨媒体叙事理念的理想实现，它允许故事在不同的艺术形式和社交活动之间自由流动，创造出一个动态且富有创意的叙事生态系统。

3. 协同创作与集体智慧

1）超越个体的创作

在元宇宙中，文学创作不再受限于单一作者的思维和经验，其边界被打破。这种协同创作模式得到 Lev Manovich 在《软件文化》中提出的"软件创作"理论的支持。Manovich 认为，在数字时代，文化和创作的过程被软件化，多个创作者可以通过网络协作，共同参与文学作品的创作。元宇宙提供了一个理想的平台，使来自世界各地的创作者可以超越时空的限制，共同参与到文学创作中。

2）实时的反馈与迭代

元宇宙中的文学创作可以实现实时发布和迭代。这种模式得到 Eric Ries 在《精益创业》中提出的"最小可行产品"和"快速迭代"理论的支持。Ries 认为，通过快速推出产品原型并获取用户反馈，然后进行迭代优化，可以更有效地满足用户需求并降低创业风险。在元宇宙中，文学作品可以被视为一种"最小可行产品"，作家可以实时获取读者的反馈并进行修改优化，使作品在不断的迭代中完善。

3）开放源代码的文学

元宇宙中的文学创作也可以借鉴开放源代码软件开发的模式。这种模式得到 Yochai Benkler 在《财富的网络》中提出的"共享创作"理论的支持。Benkler 认为，在数字时代，创作和生产的模式发生了根本性的变革，人们可以通过网络协作，共同参与到创作和生产的过程中。元宇宙提供了一个开放的平台，使文学作品可以被任何人修改、补充，形成一个持续发展和完善的文学体系。

通过以上深入的分析,我们发现元宇宙对文学叙事提出了新的挑战,同时也为创作者提供了无限的创作机会。在这个新的空间中,作家、读者和技术共同互动,塑造了一个更加丰富、动态和多元的文学未来。文学在元宇宙中正在经历一场创新的浪潮,重新定义了叙事的边界和可能性。虚拟空间的无限创意、元宇宙的互动性以及新的文学形态与风格,为文学创作开辟了广阔的天地,这不仅是技术的变革,更是文化和艺术的一次深刻融合与碰撞。

3.3 音乐与声学:从实验室到虚拟音乐厅的声音科学

随着技术的快速发展,传统的艺术形式正经历着前所未有的变革。音乐,作为最直接、最感性的艺术形式之一,正成为元宇宙中不可忽视的一部分。从虚拟音乐的探索与创新,到音乐的互动与共创,再到声响与空间的完美结合,元宇宙为音乐带来无尽的可能性和机遇。

3.3.1 元宇宙中的音乐:形态解构与多维体验的融合

元宇宙作为一种建立在先进技术框架上的虚拟世界,正在重新定义各种艺术形式。特别是在音乐领域,元宇宙引发了对传统音乐概念和体验的深刻反思。在这个去中心化的虚拟空间里,音乐不再仅是声音的艺术,更成为一种多感官、跨界的表达形式,为创作者和听众带来前所未有的体验。

1. 空间化的声音与三维音效

1)真实与超越

3D 音效技术的崛起得益于先进的声音处理算法和计算机技术。根据 Blauert 和 Braasch 提出的声音定位理论，人们能够通过声音的时间差和强度差判断声源的方向。3D 音效技术基于这一理论，通过模拟声音在空间中的传播和反射，为听众提供了一种真实的空间听觉体验。此外，该技术还融合了 Thaler 提出的声音增强现实理念，通过创造超越物理空间限制的虚拟声音场景，为用户提供了一种全新的听觉体验。

2）动态与交互

空间音效的动态性和交互性是其另一大特点。这一特点得到 Kaye 等在交互声音设计领域的研究支持。他们认为，声音在交互环境中应该是动态变化的，能根据用户的行为和环境的变化而做出相应的调整。在元宇宙中，3D 音效技术使声音能随着听众的移动和互动而改变，为用户提供了一种参与式的听觉体验。

3）深度与细节

3D 音效还能呈现声音的深度和细节，使听众能够感受到音乐的纹理和层次。这一特点得到了 Psychoacoustics（心理声学）的理论支持。根据这一理论，人耳对声音的感知是非常复杂的，取决于声音的频率和强度，还取决于声音的时间结构和空间分布。3D 音效技术通过精细的声音处理和模拟，为听众提供了一个富有深度和细节的听觉空间。

2. 虚拟乐队与新型表演模式

1）创新的艺术形式

虚拟乐队的涌现是数字音乐和虚拟现实技术相互融合的产物。根据 Jenkins 在 *Convergence Culture* 中提出的融合文化理论，不同的媒体形式和技术正在逐渐融合，创造出全新的艺术和娱乐体验。虚拟乐队正是这一趋势下的产物，它们可以是任何形状、大小和风格，完全不受传统乐队形态和结构的限制。更进一步地，虚拟乐队甚至可以是完全基于算法的实体，其音乐创作和演出完全由计算机程序控制，这体现了数字艺术的极致创新。

2）超现实的舞台

在元宇宙这一虚拟世界中，演出的可能性被无限扩展。依据 Manovich 提出的软件文化理论，虚拟世界中的一切都是可编程的，这使得演出不再受限于物理舞台，可以在任何虚拟环境中进行。艺术家和观众可以共同创造出从深海到宇宙，从历史场景到未来都市等任何想象得到的场景，形成一种超现实的舞台体验。

3）互动与参与

虚拟乐队和新型表演模式强调听众的互动与参与。这一点得到了 Csikszentmihalyi 的流体理论的支持。根据流体理论，当人们在活动中完全投入，并与活动产生互动时，他们会进入一种"流"的状态，感到极度的愉悦和满足。在虚拟乐队的演出中，听众不再只是被动的观众，他们可以通过虚拟现实技术与演出实时互动，影响音乐的发展和结构，这不仅增强了演出的沉浸感，也使得每一场演出都成为一种独一无二的体验。

3. 音乐风格的交融与重构

1）跨界与融合

元宇宙作为一个开放和创新的平台，为音乐风格的交融和重构提供了无限的可能性。在这个虚拟空间中，传统音乐风格如古典和爵士能与新兴的电子音乐、数字艺术等自由融合，从而产生全新的音乐种类。这一现象在音乐学中被认为是一种"跨文化音乐学"（Transcultural Musicology）的体现，其中音乐家不受地域和文化的限制，将不同音乐风格和元素相互融合，创造出独特且多元化的音乐作品。一个具体的例子是电子音乐制作人与古典音乐家的合作，他们通过将古典乐器的音色与电子音乐的节奏和质感相结合，创造出了全新的音乐风格。

2）多元与包容

在元宇宙中，音乐成为连接不同文化和背景的桥梁。音乐学者经常探讨音乐如何能够跨越地域界限，形成一种"全球音乐文化"（Global Music Culture）。在这种文化中，世界各地的音乐元素能自由地碰撞和交流，形成一种多元且包容的音乐景观。这不仅促进了不同音乐风格的融合，也为音乐创作提供了更丰富的素材和灵感。

3）技术与艺术的对话

元宇宙中音乐创作的另一个重要方面是技术与艺术的融合。人工智能和神经网络等先进技术的运用正在改变音乐创作的过程和形式。音乐信息检索（Music Information Retrieval，MIR）等领域的研究显示，机器学习算法能分析音乐作品的结构、旋律和和声，协助音乐家进行创作。同时，算法作曲和自动化音乐生成等技术也在不断发展，与人类艺术家进行深度的对话和合作。通过这种方式，技术不仅为音乐创作提供了新的思路和手段，也推动了音乐风格的交融与重构。

在元宇宙的背景下，音乐的定义和范畴正经历着一场革命性的变革。传统的音乐观念和经验被重新审视，与新的技术和文化相互碰撞，产生了丰富多样的创新形态和体验。这为我们提供了一种全新的、更深入和广阔的视角，来理解和欣赏音乐这一人类最古老的艺术形式。

3.3.2 元宇宙音乐：重构创作边界与探索共鸣的新维度

音乐，作为人类文化传承和情感表达的核心形式，正随着数字化和全球化浪潮进入一个前所未有的变革时刻。在这一背景下，元宇宙为音乐创作和体验提供了多维度的互动与共创空间。本节将从音乐的互动体验、创作的民主化以及多样化发展3个维度深入分析元宇宙音乐的变革力量。

1. 重新定义音乐体验与互动

1）超越传统听觉的沉浸体验

元宇宙通过融合虚拟现实、增强现实等前沿技术，为用户提供了一种远超传统听觉体验的全方位音乐感知。这一体验不仅包括视觉和触觉，更涉及情感的深层次交流。以音乐心理学为基础的研究揭示了音乐对情感的深刻影响，并通过多感官的方式加强了这种情感体验。元宇宙中的听众能够"进入"音乐世界，与音符、旋律乃至故事情节直接互动，实现更为沉浸式的体验。例如，MIT 的 Media Lab 进行的音乐与虚拟现实实验表明，这种沉浸式音乐体验在情感层面上对听众的影响更为深远。

2）社交与音乐的巧妙融合

元宇宙为音乐体验注入了独特的社交元素，将音乐体验与实时社交互动完美结合。在虚拟音乐节或 DJ 派对等活动中，参与者不再仅是被动的音乐感知者，更能与其他参与者实时交流和互动，共同参与音乐事件的创造和体验。社会学和音乐学的研究强调音乐作为一种强有力的社交工具，能促进人际联系和交流。元宇宙中的音乐活动通过提供共享的虚拟空间，强化了参与者之间的社交互动，共同创造了一个充满创意和活力的音乐社区。

3）深化情感共鸣的维度

元宇宙中的音乐互动不仅停留在表面的参与层面，更深入到了与作品、艺术家以及其他听众之间的情感共鸣和交流。这种深度的情感联系极大地丰富了音乐体验，使听众能更加深刻地理解和感受音乐。音乐哲学家 Juslin 和 Sloboda 在其研究中指出，音乐与情感之间存在着深刻的联系，音乐能触动人的内心，引发共鸣。元宇宙中的音乐互动为这种情感共鸣提供了一个全新的维度，使得音乐体验变得更加丰富和多层次。

2. 打破创作边界：从听众到创作者

1）音乐创作的民主化进程

元宇宙的环境使音乐创作从封闭、为少数人所掌握的领域变成开放、民主的平台。任何人都可以通过使用高效易用的虚拟音乐工具和平台进行音乐创作，实现个人音乐梦想。这种变革体现了创作民主化的理念，即去中心化并赋予每个个体更多的创作能力和机会。学者 Benkler 在其作品《富足网络》中深入探讨了如何通过去中心化的网络技术实现创新和创作的民主化，为理解元宇宙中音乐创作的变革提供了重要的参考。

2）创作的协同与共创模式

在元宇宙中，用户之间能够共同参与音乐的创作和编辑过程，形成一种协同和共创的工作模式。这一模式充分利用了群体智慧，汇集了来自不同背景和观点的创意，推动音乐作品不断迭代和完善。Surowiecki 的《群体智慧》一书中详细探讨了群体决策的优势和条件。元宇宙中的音乐协同创作正是这种群体智慧的体现，展示了通过协作和共享资源可以达到更高创作水平的可能。

3）跨界与多元的创作方式

元宇宙为音乐创作提供了一个跨界和多元化的环境，使音乐创作不再受传统风格和形式的限制。创作者可以自由结合各种音乐元素，包括电子音乐、民族乐器、数字艺术等，形成丰富多样的新型音乐风格。这种跨界的创作方式体现了后现代主义的思想，即强调多样性、包容性和对传统边界的打破。Lyotard 和 Baudrillard 等学者对后现代社会中艺术和文化的多样性和混杂性进行了深刻的探讨，他们的理论对理解元宇宙中音乐创作的跨界和多元性具有启示作用。

3. 多样化的音乐元素与前沿创新

1）全球音乐元素的融合

元宇宙的开放性和全球化特点为音乐创作带来了丰富多样的音乐元素和文化背景。这对促进音乐的多元化和全球一体化具有重要意义。根据全球化理论，文化的交流和融合是全球化进程的重要组成部分，音乐作为一种文化形式，在全球化背景下的多元化发展显得尤为重要。社会学家 Anthony Giddens 在其全球化理论中强调了时间和空间的压缩，使得不同文化的音乐元素可以更加快速和便捷地交流和融合。元宇宙作为一个虚拟的、跨越时间和空间的平台，为音乐创作提供了一个独特的融合全球音乐元素的机会。

2）音乐与其他艺术形式的深度交融

在元宇宙中，音乐不再是一个孤立的艺术形式，而是可以与视觉艺术、数字雕塑、舞蹈等其他艺术形式进行深度的融合和交互。这种跨艺术形式的创作思维与波斯特现代主义的艺术观念是一致的，强调艺术形式之间的界限是模糊的，不同的艺术形式可以相互融合、相互启发。艺术理论家 Roland Barthes 在其《死去的作者》一文中提出了"文本的诞生即作者的死亡"这一观点，表明创作过程应该是开放的，允许不同的解读和创意的融入。

3）前沿技术的引入与创新

元宇宙中音乐创作的显著特点是对前沿技术的广泛应用。人工智能、大数据、神经网络等先进技术的引入，为音乐创作提供了全新的工具和方法，推动了音乐创新的发展。学术界已有大量关于人工智能在音乐创作中应用的研究，例如 David Cope 的"EMI"（实验性音乐智能）项目就是一个著名的案例，它通过算法模拟了古典音乐的创作风格，产生了令人惊叹的音乐作品。这些先进技术不仅可以模拟和再现传统的音乐创作方法，还可以探索全新的音乐空间，产生创新的音乐风格和表达方式。

综上所述，元宇宙为音乐带来前所未有的创作机会和挑战。从互动体验、创作的民主化到多样化的音乐元素，我们正处于一场深刻的音乐革命之中，这必将深刻影响我们对音乐的认知和体验。随着技术不断发展和元宇宙概念的深入，我们期待在音乐领域迎来更丰富多彩的创新和表达。

3.3.3　声音的立体性与虚拟现实：对元宇宙空间认知的声音哲学探讨

在元宇宙的构建中，声响不再仅是背景音乐或效果音，而成为虚拟空间不可或缺的一部分，与其形成一种独特的共生关系。这种关系对用户在虚拟空间的认知、体验和情感连接产生了深远的影响。从哲学、心理学和技术的视角，我们可以深入探讨这种关系的本质以及它对人的影响。

1. 声响与空间的哲学互动

1）空间认知的声音构成

声音在虚拟环境中成为建构我们对空间感知的关键元素。音乐学和认知科学的理论认为，声音的方向性、深度和距离感为用户提供了对虚拟环境的立体认知。虚拟空间中，声音成为用户获取空间参考的关键手段，弥补了缺乏真实世界物理情境的不足。适当的声音设计显著提升了虚拟环境的真实感和沉浸感，对虚拟现实和增强现实等应用场景至关重要。

2）声响与空间的共生关系

声音与空间的关系是一种相互影响的共生关系，不仅是空间的反映，同时也是其构成部分。哲学家 Michel Foucault 提出的"异质空间"概念认为，某些空间能映射社会文化的复杂性。在虚拟环境中，声音与空间的互动更具文化和社会意义，构成一种独特的体验和认知形式。

3）声音的时空延展性

在虚拟环境中，声音的特性不再受限于物理世界，具有时空延展性。

通过先进的声音设计和技术，声音成为一种超越时空的存在，为用户提供了一种超越传统听觉体验的感觉。这种时空延展性在技术、哲学和艺术层面都带来了新的探索空间，典型的例子是实验音乐作曲家 John Cage 对声音时空属性的创新运用。

2. 声响对情感和认知的心理影响

1）情感的引导和共鸣

音乐心理学和情绪理论研究表明，音乐和声响对人类情绪有深刻的影响。虚拟环境中，背景音乐和声效成为调整空间情感和引导用户情感反应的关键手段。通过巧妙设计，创作者能在无形中影响和引导用户的情感状态，创造更为丰富和深刻的体验。

2）故事性与情境化

声音不仅传达情感，还传达故事和情境。将声音融入虚拟空间的叙事结构中，创作者能提升空间的故事性和情境化，增强用户的代入感和参与度。这一手法在电影配乐中已得到广泛应用，在虚拟环境中同样适用。通过声音和故事元素的互动设计，可以创造一个充满情感和故事性的虚拟世界。

3）心理认知的连接

认知心理学表明，音乐和声响显著影响人的注意力和认知过程。虚拟环境中，适当的声响设计能吸引和维持用户的注意力，增强他们对环境的认知和理解。研究表明，音乐和声响效果不仅能改善用户的心情，还能提高他们的记忆力和学习效率。设计虚拟环境时，考虑如何通过声音优化用户的认知过程，将有助于创造更高效和愉悦的用户体验。

3. 先进技术对声响体验的影响

1）3D 音效与虚拟现实

随着 3D 音效技术和虚拟现实的发展，声音在虚拟环境中的表现越来越真实和立体。空间音频技术利用声学模型和头部相关传输函数等先进理论，模拟人耳接收真实世界声音的方式，使用户准确感知声音的方向、距离和运动。高度真实的声响体验显著增强了用户在虚拟环境中的沉浸感和满意度。

2）人工智能与声音设计

人工智能技术的引入丰富了声音设计的可能性。通过机器学习和数据分析，AI 能实时理解用户的行为和反应，调整音乐和声响效果以更贴合用户的情感和认知需求。这种个性化的声响体验不仅增强了用户满意度，还能引导用户的情感和行为。在电影和游戏产业中，这种技术已经得到广泛应用，创造了一些令人印象深刻的个性化声响体验。

3）数字音乐与创作

数字音乐工具和平台的发展极大拓宽了音乐创作的边界。创作者可以在虚拟空间中自由创作和编辑音乐，运用各种数字音效和虚拟乐器，打破了传统音乐创作的物理和技术限制。数字音乐创作的典型代表如 Ableton Live、FL Studio 等软件，提供了强大的音乐创作和编辑功能，被全球数百万音乐制作人使用。

综上所述，声响在元宇宙构建中扮演着至关重要的角色，与虚拟空间形成深刻的共生关系，共同塑造用户的体验和情感。通过哲学、心理学和技术的综合视角，我们能更深入地理解这种关系对人类在虚拟环境中的存在和认知的重要性。元宇宙为音乐带来前所未有的机遇和挑战，创造了一个充满创意和可能性的新音乐世界，为未来的音乐艺术开辟了广阔的新天地。在这一章中，我们深入探讨了元宇宙如何为艺术家打开一个新的创作维度，无论是视觉艺术、文学，还是音乐，在这个虚拟宇宙中都焕发出了新的活力，为人类的文化与艺术发展开辟了全新的道路。

第 4 章

社会透镜：元宇宙中的社会互动与身份

04

4.1 自我理论与虚拟身份构建：从数字化构建到隐私保障

随着元宇宙的日益成熟，其所孕育的虚拟身份成为人们的新关注点。传统的身份认知正受到挑战，而新的虚拟身份如何与现实交织、如何影响我们的社交模式和如何保障其安全性等问题日渐凸显。

4.1.1 身份认知的重新塑造：元宇宙中的数字自我与跨现实交互

随着数字时代的深入，元宇宙为人类提供了前所未有的身份认知机会和挑战。这一现象既是技术进步的产物，更是当代社会对身份、真实性和虚拟性进行深刻哲学思考的体现。相关讨论已经超越了传统经济学的框架，进入了对现实与虚拟、个体与集体关系的全新探索。

1. 身份的数字化：构建数字自我的哲学与技术基础

1）技术使能的自我塑造

先进的 3D 建模、人工智能和虚拟现实技术为个体提供了在数字空间中塑造、调整甚至重新定义外貌、性格和背景故事的能力。这种自我塑造的技术使能超越了生物学和物理学的限制，引发了对"自我"和"身份"基本问题的哲学思考。例如，Derek Parfit 在《理性与动机》中对身份连续性和个体在时间上的一致性进行探讨，为理解和评估数字化身份提供了重要参考。学术界还在研究这种自我塑造如何影响个体的心理健康和社会行为，包括对自尊、自我效能以及与他人关系的影响。

2）社交网络与身份共同体

在元宇宙这一数字环境中，个体不仅能雕刻数字自我，还能通过加入各种虚拟社群找到志同道合或截然不同的人。这一现象在社会学中得到广泛研究，Granovetter的"弱联系"理论强调了弱社会联系在个体获取信息和资源方面的重要性。在数字身份的语境下，这种联系变得更加复杂和多样化，对理解身份共同体和社交网络的形成与演化具有重要意义。

3）信息加密与身份保护

数字身份的保护至关重要，尤其是在涉及敏感个人信息和数字金融交易的领域。区块链和加密技术为保护个人信息提供了新的可能性，通过分布式账本和复杂的加密算法确保数据的安全性和不可篡改性。Satoshi Nakamoto首次提出的区块链概念展示了去中心化和安全的数字身份管理系统的可能性。这项技术不仅保护用户隐私，还确保了他们在虚拟空间中身份的真实性和独特性。然而，这也引发了数字身份去中心化与中心化管理之间权衡的讨论，以及如何防止滥用和确保合规性的问题。

2. 元宇宙中的多元身份：跨文化、跨性别、跨种族的深度交互

1）自由选择与身份流动性

元宇宙提供了一个摆脱物理限制、自由探索和塑造身份的空间。用户可以随心所欲地选择性别、种族，甚至成为完全不同的物种，体验多重身份和文化背景。这种自由度引发了广泛关注，Giddens的"自我身份"理论强调了现代社会中个体对自身身份认同不断重塑的重要性，而元宇宙正是这种身份流动性的极致表现。然而，这也引发了对虚拟身份和现实身份相互影响，以及个体如何在虚拟和现实世界之间找到平衡的问题的思考。

2）身份的碰撞与融合

元宇宙中多元身份的碰撞与融合，不仅反映了现代社会对多元文化的尊重和拥抱，也创造了新的文化和社群。这一现象备受文化研究和社会学关注，Hall 的"文化身份"理论探讨了在全球化背景下如何保持文化独特性和多样性，而元宇宙则提供了一个实验性的平台，让我们观察和分析这种文化碰撞与融合的过程。学术界也在研究这种文化融合如何影响个体的身份认同和归属感，以及如何在尊重多样性的同时维护社群凝聚力。

3）身份与权力的重新分配

元宇宙的出现挑战了传统的社会结构和权力分配，为那些在现实世界中可能受到压迫或歧视的身份提供了新的机会。从社会学和政治学的视角看，这引发了对权力如何在虚拟世界中重新配置，以及这种重新配置如何影响社会正义和平等的讨论。Foucault 的"权力/知识"理论强调了知识和权力之间复杂的关系，而元宇宙作为一个新兴的知识和信息空间，提供了重新审视和解构传统权力结构的机会。然而，这也引发了关于如何防止虚拟世界中新形式的权力滥用，以及如何确保权力重新分配的公平性和可持续性的问题。

3. 虚拟与现实：双向影响的心理与社会机制

1）身份的延伸与反馈

个体在元宇宙中的身份选择和行为可能影响其在现实世界中的身份认知和行为，这种双向影响机制使得虚拟与现实之间的边界变得模糊。这一现象在心理学和社会学领域引起了广泛关注。Goffman 的"表演理论"指出，在社交场合中，个体通过一系列表演塑造自己的身份。而元宇宙为这种表演和身份塑造提供了新的"舞台"和"观众"，使得这一过程变得更加复杂。此外，研究表明，个体在虚拟环境中的经历和行为会影响其心理状态和社会认同，反映出虚拟与现实之间复杂的互动关系。

2）道德与伦理的挑战

虚拟身份的自由选择和行为自由引发了一系列道德和伦理问题，涉及虚拟身份的权利、义务，以及个体与社群、虚拟与现实之间的责任和义务。Rawls 的"正义理论"提出，社会基本结构应确保最不利益群体的权益，这一理念在元宇宙中的实现引发了新的思考和挑战。学术界正在探讨如何在虚拟环境中建立公正和道德的规则体系，以及如何处理虚拟身份与现实身份之间的权利和责任冲突，以确保虚拟环境的包容性和公平性。

3）身份与社会结构的未来

随着元宇宙的不断发展和普及，我们可能需要重新定义身份和社会结构的关系，构建一个更加开放、包容和平等的社会。这不仅是一个技术问题，更是一个社会问题。Habermas 的"公共领域"理论强调了公民参与和公共讨论在构建民主社会中的重要性，而元宇宙提供了一个新的公共领域，使得这一过程变得更加复杂和多元。学术界正在致力于研究如何在这一新领域中维护社会正义和平等，以及如何处理虚拟与现实之间的冲突和互动，以确保元宇宙中的身份和社会结构健康发展。

总之，元宇宙为身份认知带来了前所未有的机遇与挑战，不仅是技术的进步，更是对身份、真实性和虚拟性的深刻哲学反思。从技术、心理和社会的角度，我们可以深入理解这一变革的本质和意义，以及它对未来社会结构和个体身份的深远影响。

4.1.2 虚拟身份的复杂性：人格的再塑造与社会心理学的深度探讨

在数字化和全球化的时代，元宇宙不仅代表了技术的飞跃，更在哲学、心理学和社会学领域掀起了巨大的思想波澜。元宇宙中的虚拟化身已经超越了简单的象征，成为一个全新领域，用于探讨身份、人格和社交互动。

1. 虚拟化身作为自我表达的延伸

1）更深层次的自我探索

元宇宙提供了独特的平台，使个体能通过虚拟化身深入探索和表达内在的情感、欲望和性格特质。这与心理学中的自我理论相符，指出个体的自我不仅由外在行为和特征定义，还包括内在的情感和欲望。这一概念与 Nature 上的心理学研究相呼应，显示虚拟化身能真实反映个体内心自我的一面，揭示出在现实生活中可能不愿展示的特质和欲望。案例研究显示，一些个体在虚拟环境中展示了与现实生活中完全不同的性格和行为特征，突显了虚拟化身在自我探索和表达中的独特价值。

2）人格的多重性

从心理学角度看，人格是个体行为、思维和情感的稳定模式。元宇宙为个体提供了一个平台，使其能在不同的虚拟环境和社交场合中展示和尝试不同的人格。这种人格的多重性不仅反映了人类心理的复杂性，还验证了心理学上多元自我的概念。通过观察个体在虚拟环境中的行为和互动，研究者能更深入地了解人格的多维性和复杂性。

3）情感与价值观的直接表达

虚拟环境为个体提供了一种独特的方式，通过虚拟化身的行为、互动方式以及所处的环境直接表达其情感状态和价值观。这种直接表达方式使情感和价值观的传递更加直观和有效。心理学研究表明，个体在虚拟环境中的行为往往更直接地反映了其内在的情感状态和价值观，为研究者提供了一个独特的视角，以更准确地理解和分析个体的心理特质和社会行为。案例研究显示，在虚拟环境中表达的情感和价值观往往更加强烈和明显，突显了虚拟环境在情感和价值观表达方面的独特作用。

2. 虚拟身份与真实人格的动态交互

1）虚实之间的连续性

社会认知理论指出，个体的自我认知是一个动态变化的过程，受到环境、行为和认知等多种因素的影响。虚拟环境为这种动态变化提供了独特的社会交互空间，个体的虚拟身份在这里形成和展现，可能更直接地反映了其内在的情感和心理状态。例如，一项对在线游戏玩家的研究发现，玩家在游戏中的行为和互动风格与其现实生活中的性格特质相关。

2）自我认同的冲突与和谐

自我认同理论认为，个体对自己的认识和定位影响其情感、认知和行为。在虚拟环境中，个体可能形成与现实生活中不同的虚拟身份，这种差异可能导致自我认同的冲突或和谐。研究表明，对于有的用户，虚拟身份成为他们实现自我认同和价值的渠道，而对于其他用户，虚拟身份与现实自我之间的差异可能引发心理不适和认同危机。通过深入分析这种冲突与和谐的社会心理机制，我们可以更好地理解个体在虚拟环境中的行为和心理状态。

3）社交互动的复杂性

虚拟环境中的社交互动呈现出多样性和复杂性，不同于现实世界。社会交换理论指出，个体在社交互动中寻求利益最大化，而虚拟环境为个体提供了更多样的互动选择和策略。研究显示，虚拟身份更容易形成群体和社区，但同时也可能产生更多的冲突和竞争。通过对元宇宙社交互动的深入研究，我们可以揭示这种互动的社会心理机制和影响，为构建更加健康、和谐的虚拟社交环境提供理论和实证支持。

3. 社会与心理学的视角：挑战与机遇

1）人际关系的再定义

虚拟身份与现实身份的交互挑战了传统对人际关系的理解。从社会心理学的角度看，人际关系的形成和维持依赖于个体间的互动和情感交流。然而，在虚拟环境中，这些互动和交流的方式可能与现实世界存在差异。研究表明，虚拟环境中的人际关系可能更依赖于共享的兴趣和活动，而非物理的接近或长时间的认识。因此，虚拟身份之间的亲密关系可能需要重新定义和评价。此外，人类连接理论提出，个体间的深层连接有助于情感的交流和个体的心理健康，未来的研究需要进一步探讨这种连接在虚拟环境中的表现和影响。

2）集体意识与群体行为

元宇宙中的用户容易形成群体，展现出独特的集体意识和群体行为。从社会学的视角看，这种群体行为可能受到社会结构和文化的影响，而且可能与现实世界中的群体行为存在差异。心理学家和社会学家对此进行了广泛研究，试图揭示虚拟环境中群体行为背后的心理和社会机制。研究发现，虚拟环境中的匿名性和去中心化可能加强了个体的从众行为，但同时也提供了更多的自由和创造的空间。了解这种独特的群体行为对构建健康和积极的虚拟社群环境具有重要意义。

3）身份认知的未来

随着元宇宙的不断发展和普及，人类将面临更为复杂的身份认知问题。心理学家和社会学家正致力于探索如何更好地理解和应对这种新的身份认知。社会身份理论指出，个体的社会身份是其自我概念的一部分，影响其认知、情感和行为。在虚拟环境中，个体可能拥有多重社会身份，这些身份可能相互影响，也可能与现实身份发生冲突。研究表明，理解和整合这些复杂的社会身份对于个体的心理健康和社会适应具有重要意义。未来的研究需要进一步探索虚拟身份与现实身份互动的心理和社会机制，为个体和社会提供指导和支持。

概括而言，元宇宙的出现带来了现代社会身份认知的革命。从技术到哲学，从心理学到社会学，这一领域的研究正在开辟新的疆界，深入探讨人类在数字时代的身份认知与人格表达。

4.1.3 元宇宙中的隐私与安全问题：深度探索与未来展望

在数字化时代的浪潮中，元宇宙作为新兴的虚拟世界为人们带来了广阔的探索空间，然而，随之而来的隐私和安全问题也成为公众、技术者和学术界普遍关注的焦点。在对元宇宙的未来发展进行深度分析时，我们必须将隐私和安全问题放在核心位置。

1. 技术发展与隐私保护的挑战

1）复杂的数据交互

元宇宙的快速发展带来了前所未有的数据交互复杂性，不仅涉及用户的基本信息，还涉及社交网络、消费行为和情感状态等多维度的数据。这大大增加了个人隐私泄露的风险，对现有的数据保护机制提出了严峻挑战。虚拟与现实世界边界的模糊使得如何定义和保护个人隐私数据成为一个复杂问题。建立更为全面和灵活的隐私保护框架，以适应元宇宙中多元化和动态变化的数据交互环境，是当前亟须解决的问题。

2）前沿技术的双刃剑效应

加密技术和分布式账本技术在保障数据安全方面发挥着重要作用。然而，它们也可能被恶意使用，为黑客攻击提供新的手段和路径。分布式账本技术的去中心化特性虽然提高了数据的安全性，但也使得一旦数据被篡改或泄露，其影响可能更加广泛和严重。因此，如何在保障数据安全的同时防范新型黑客攻击，是一个亟待解决的问题。

3）跨国和跨平台的隐私风险

元宇宙的全球性特点带来了跨国和跨平台的数据交互，对数据安全管理提出了更高的要求。不同国家和地区的隐私保护法律和标准存在差异，如何协调这些差异，建立统一的数据保护机制是一个复杂而紧迫的任务。国际法学界已经开始对这一问题进行深入研究，并探索建立跨国数据保护协议的可能性。

2. 用户权益与平台责任

1）数据主权的确立

用户对自己数据的控制，即"数据主权"，是数字时代的核心议题。确立数据主权不仅有助于保护个人隐私，还能增强用户对数字平台的信任。一些先进的区块链技术通过加密和分布式账本确保用户数据的安全性和透明度。然而，技术解决方案仅是第一步，还需要法律和政策的配合，确保用户在实际操作中能轻松管理自己的数据权限。

2）透明性与信任建设

在数字金融领域，透明性和信任建设是构建用户关系的关键。不透明的数据处理流程可能导致用户失去对平台的信任，进而影响其使用意愿。提高数据处理透明度，让用户了解他们的数据如何被使用和共享，是建立信任的有效途径。建立用户和平台之间的有效沟通渠道，及时响应用户的疑虑和反馈，对信任建设同样至关重要。

3）共同的道德与法律框架

随着技术的快速发展，现有的道德准则和法律框架可能难以跟上变化的步伐，需要跨学科、跨行业、跨国界的合作，共同制定适应数字时代的新道德准则和法律框架。这不仅能更好地保护用户权益，也能为平台的可持续发展提供稳固的基础。例如，欧盟的《通用数据保护条例》（GDPR）是在数字时代下对用户隐私保护的一次重大尝试，为其他国家和地区提供了宝贵的参考经验。

3. 未来的展望：教育与协作

1）用户教育与培训

为了提高用户在数字金融环境下的安全防护能力，教育和培训显得尤为重要。设计有效的教育和培训程序，帮助用户建立起正确的安全习惯和风险意识，是防范潜在风险的关键。利用人工智能技术为用户提供个性化的教育内容和提醒，也是一个值得探索的方向。

2）跨界合作

在解决隐私和安全问题上，仅依赖技术手段是不够的，需要社会学家、心理学家、法律专家和技术开发者等多领域专家的协同努力。通过跨学科的合作，我们能更全面地了解问题，制定更有效的策略。社会学和心理学的知识可以帮助我们理解用户的行为和需求，而法律专家的参与则确保解决方案符合法规要求。

3）向社会的开放与反馈

数字金融平台不应该是一个封闭的系统，而应该积极地向社会开放，吸纳外部的意见和建议。通过与公众和专家的互动，平台能及时发现自身的不足，不断优化隐私保护策略和技术手段。这种开放和反馈机制的建立，不仅有助于提高用户的信任度，还能促进整个数字金融生态系统健康发展。

综上，在元宇宙的壮阔蓝图中，隐私和安全问题是我们不能回避的关键议题。只有在技术、制度和教育三方面同步发力，才能确保元宇宙成为一个安全、公正和有益的虚拟社会。元宇宙为我们带来一个全新的虚拟身份观念，其带来的自由度、多样性和挑战都值得我们深入探讨和思考。从数字化身份的构建，到虚拟形象的创意表达，再到隐私和安全的保障，每一个环节都与我们的现实生活紧密相连，为未来的社会、文化和科技发展开辟了全新的道路。

4.2 数字社会学与群体行为：从虚拟构建到深度情感

在当代技术日益发展的背景下，元宇宙为人们的社交互动提供了全新的平台和视角。传统的社交范式正在经历深刻的变革，而元宇宙中的社交网络、深度互动及社区建设等都成为新的研究与探讨焦点。

4.2.1 元宇宙：社交模式的革命与深度解读

元宇宙的崛起彻底颠覆了现代社交方式，引发了深刻的变革。本节旨在通过对社交网络结构、个体角色演变以及社交行为多元性的探讨，深入解析这一社交模式的根本性改变。

1. 社交网络的结构演化

1）非物理性的连通性

传统社交网络以地理位置为基础，而元宇宙的出现打破了这一桎梏，引发了学术界对网络结构的重新思考。空间无关网络模型，如随机图和小世界网络理论被引入，以解释元宇宙中的社交行为。这种非物理性连通性的创新既促进了信息的快速传播和创新的涌现，同时也引发了对回音室效应的担忧。

2）深度交互与情感连接

虽然元宇宙中的交流是数字化的，但通过虚拟现实等技术，用户能进行更深层次的互动，建立更紧密的情感联系。社会认同理论认为，个体通过归属于某社交群体建构自我身份，而在元宇宙中，深度互动可能加强个体对虚拟社群的认同感。情感投资理论指出，个体在社交互动中投入的情感越多，其与社交群体的连接越强。元宇宙提供了平台，使用户能投入大量情感，从而建立强烈的情感连接。

2. 个体在社交模式中的新角色

1）从被动到主动

元宇宙社交模式中,用户不再是被动的参与者,而是转变为积极的创作者。创意自主权理论认为,在创造性活动中,个体扮演主导角色,通过自主选择和决策展现独特创造力。在元宇宙环境下,用户可基于兴趣、需求和价值观,自由组建和加入社交圈子,参与内容创作和分享,强化了创意自主权,推动了社交模式的变革。

2）多元化的身份表达

元宇宙提供了一个去中心化且包容性的平台,允许用户超越现实界限,自由表达多元身份。多元化身份表达可从社会认同理论和自我呈现理论角度解读。元宇宙的开放性和多样性为个体提供了广阔空间,使其能探索和表达多重社会身份。自我呈现理论指出,个体在社交互动中会根据情境和目标呈现不同面貌,元宇宙为这种自我呈现提供了更多的可能性和灵活性。

3. 开放与多元的社交行为

1）打破既有框架

元宇宙社交网络呈现出高度的开放性和包容性,挑战了现实社会的隔阂和规范。社会网络理论和去中心化理论可用于解读这一现象。元宇宙通过开放性打破了传统社会结构,促进了信息自由流动,增强了个体之间的连通性,有助于打破社会隔阂。去中心化理论则强调了在没有中央控制的情况下,网络中的个体能自主参与和决策,增强了网络的适应性和创新能力。

2）社交的新维度

元宇宙为社交行为提供了全新的维度,包括共同创作、探索和学习等多种形式。协作学习理论和参与文化理论可解读这一现象。协作学习理论认为,通过集体努力和互相协作,个体能实现知识的构建和技能的提升。元宇宙提供了共创和共学的平台,支持用户之间的深度互动和协作,为学习和创新创造了有利条件。参与文化理论关注个体如何通过积极参与和贡献成为文化和社会的共创者,元宇宙正是这种参与文化的典型例子,鼓励用户不仅是内容的消费者,更是内容的创造者和传播者。

总之,元宇宙为社交模式带来前所未有的机遇和挑战。然而,在这一新模式下,维护个人隐私、确保安全、促进真实有效的交流仍然是未来需要深入探讨和研究的重要议题。

4.2.2 元宇宙中深度互动与情感连接的跨学科探索

元宇宙的兴起标志着数字交互空间的全新时代,其影响不仅限于社交、娱乐和商业领域,更为深度互动和情感连接打开了新的维度。本节从技术、心理学和社会学的角度对元宇宙进行探索,着重技术进步、心理机制和社会学视角,以全面理解这一现象。

1. 技术进步与沉浸式体验的革命

1)立体声音与虚拟现实

技术进步推动了立体声音和虚拟现实技术的突破性进展,引入多感官交互理论和沉浸式体验模型。多感官交互理论强调通过模拟真实世界的声音和视觉效果,提升用户的感官体验。沉浸式体验模型认为通过提供丰富的感官刺激和交互可能性,用户在虚拟环境中的沉浸感增强,具体案例如 Oculus Rift 和 HTC Vive 通过高质量的立体声音和头部追踪技术实现逼真的虚拟体验。

2)实时互动技术

元宇宙中实时互动技术应用广泛,通过网络延迟理论和实时通信模型解释其背后的原理。优化网络传输和数据处理流程,减小信息传输延迟，实现近乎即时的远程交互。实时通信模型强调信息的同步传输和处理对社交连通性和用户体验的关键性。例如，使用 WebRTC 等技术实现的实时视频聊天应用提供了低延迟、高效的实时通信平台。

3）感应技术与生物指标反馈

元宇宙平台整合先进的生理感应技术，实时捕捉和分析用户的生理状态，提供个性化和情感化的互动体验。生物指标反馈理论认为，通过反馈个体的生理状态，帮助其认识情感状态，情感计算模型致力于开发识别、理解和响应用户情感状态的智能系统。通过皮肤电阻传感器等技术检测用户的紧张程度，系统实时调整虚拟环境或提供情感支持，增强用户的沉浸感和满意度。

2. 心理机制与情感共鸣的形成

1）自主性与自我表达

元宇宙为用户提供了独特的空间，使其能够自主构建虚拟形象，涉及自我决定理论和身份表达模型。自我决定理论认为个体对自己行为的自主控制是满足内在需求和促进心理健康的关键。元宇宙通过自由创造和表达满足用户自主性需求，促进自我价值实现和情感正向发展。身份表达模型强调在虚拟环境中通过构建和展示虚拟形象，促进自我认知和社会认同的过程，有助于个体对自己的了解和接纳，促进情感连接。

2）社会互动与情感支持

元宇宙中的多元社交环境为用户提供了广泛的社交选择，社会支持理论和社群归属模型可解释这一现象。社会支持理论认为社会关系中获得的支持对心理健康和情绪稳定有积极影响。元宇宙中的社交网络提供平台，让用户在面临困境时寻求帮助或在情感需要时获得支持。社群归属模型强调通过参与特定群体形成认同感和社会连接，促进情感支持和共鸣，增强社交互动和群体凝聚力。

3）认知共鸣与情感转移

用户在元宇宙中的体验通过认知和情感的共鸣机制与现实生活中的情感和体验互动。情感共鸣理论和认知一致性模型可解释这一现象。情感共鸣理论认为观察或体验他人的情感状态会在自己的情感系统中产生共鸣反应，形成情感的同步和共享。元宇宙作为情感交流平台，用户通过虚拟互动体验他人的情感状态，形成情感的共鸣和共享。认知一致性模型认为个体寻求认知和情感状态一致性和和谐，通过调整认知和情感状态实现一致性，可能导致情感转移和影响。

3. 社会学视角与群体行为的转变

1）群体认同与社会连接

在元宇宙环境中，用户基于共同的兴趣和目标轻松形成群体，强调社会认同理论和网络社群模型。社会认同理论指出个体通过归属于特定社会群体获得自我认同，这种认同感强化个体对群体的归属感和忠诚度。元宇宙提供平台，用户基于共同兴趣和价值观找到并加入相关群体，加强群体认同和社会连接。网络社群模型强调在元宇宙这样的虚拟环境中，群体认同和社会连接通过共同活动和互动得到加强。

2）社会角色与权力结构

元宇宙中的社会角色和权力结构较传统社会更加流动和开放，强调角色理论和权力动态模型。角色理论认为个体在社会中扮演了不同角色，调整行为以适应角色期望和规范。在元宇宙这个开放多元的环境中，社会角色更加灵活，权力结构更加分散，为研究社会角色演变和权力关系变化提供了实验场所。权力动态模型分析社会中权力关系的变化和演变，揭示在元宇宙中通过网络互动和社群参与影响社会角色和权力结构的机制。

3）文化碰撞与创新

不同文化背景的用户在元宇宙中的互动导致文化的碰撞和创新，引入文化交流理论和跨文化创新模型。文化交流理论认为不同文化接触和交流促进文化元素相互借鉴和融合，导致文化创新和发展。元宇宙提供了跨文化交流平台，全球用户在虚拟空间中相遇和交流，促进文化的碰撞和创新。跨文化创新模型强调在跨文化环境中通过整合不同文化元素促进创新和创造力的发展，为元宇宙中文化交流和创新提供了理论框架。

概括而言，元宇宙作为深度互动和情感连接的新平台，其技术、心理和社会学机制深刻影响着我们的生活方式和人际关系。随着技术不断进步和社会不断变革，元宇宙将持续对人类社会产生深远的影响。未来的研究可以关注技术的发展趋势、心理机制的更深层次理解，以及社会学视角下元宇宙对群体行为的影响。这将有助于更全面地理解元宇宙的本质，并为社会、技术和心理学领域的未来研究提供新的方向。

4.2.3　元宇宙中社区的演化：从结构到意义的深度探索

元宇宙中社区的形成与演化不仅是技术或社交现象，更是对数字时代人类社交结构、文化传承和群体心理的深刻反思。在这一背景下，理解社区的建立、管理以及其所带来的社会影响显得尤为重要。

1. 社区形成的深度驱动力

1）共同兴趣与情感共鸣

在元宇宙中，人们可以超越物理空间的限制，根据共同的兴趣、情感需求或认知追求自由选择加入和参与社区。这一现象可通过霍姆斯和布克斯的社会交换理论解释，该理论认为社交行为是基于个体期望通过交互获得最大利益的动机。在元宇宙社区中，共同兴趣和情感共鸣成为驱动人们建立社交联系的核心动力。社交资本理论的支持强调了在社交网络中信任、互惠和相互支持的价值，认为这些因素是构建稳定社区的基础。

2）数字身份与社交信任

数字身份在元宇宙中扮演着至关重要的角色，是建立和管理个人社交关系的基础。从数字身份理论和信任建构模型的角度看，数字身份理论关注在线环境中如何构建和维护个人身份，强调了身份验证和声誉管理的重要性。信任建构模型则探讨了在数字环境中建立和维持信任关系的关键，认为数字身份的透明度和一致性是建立社交信任的关键。

3）文化共创与价值传递

元宇宙社区中的成员通过围绕共同目标和兴趣的互动，共同创造了独特的文化和价值观。这可以从文化共创理论和社区实践模型解释。文化共创理论强调，在共享空间中个体如何通过协作和交流共同创造文化内容和意义。社区实践模型则着重通过共同的活动和对话构建共享的认知和价值体系，认为这是维系社区凝聚力和持续发展的关键。在元宇宙中，文化共创和价值传递的过程不仅强化了社区成员之间的联系，也成为社区凝聚力和独特身份的重要来源。

2. 社区管理的演变与挑战

1）去中心化与民主决策

元宇宙中的社区管理正经历着从传统的中心化权威结构向去中心化、基于共识的决策模式的转变。这种转变与网络社群理论和民主治理模型相吻合。网络社群理论强调通过去中心化和分布式网络形成的社群能增强个体的参与度和自主性。民主治理模型则提倡在决策过程中各方的平等参与和权利保障，确保社群的自主性和公正性。在元宇宙社区中，去中心化和民主决策的实现更加依赖于技术的支持，如区块链和智能合约技术的运用，以确保决策的透明性和不可篡改性。

2）技术驱动的透明度与公正性

区块链和智能合约的运用不仅为去中心化提供了技术支持，还增强了社区交易和合作的透明度与公正性。从区块链治理理论和智能合约法理学的角度进行分析，区块链治理理论探讨了通过分布式账本技术实现更加透明和公正的社群治理。智能合约法理学则关注通过代码实现合约条款，确保交易的自动执行和合规性。在元宇宙社区中，这些技术的运用为社区成员提供了公平参与和权益保障的技术基础。

3）社区治理与伦理挑战

去中心化的社区管理虽然带来了参与度和透明度的提升，但也引发了一系列的治理和伦理挑战。这需要从社会学、心理学和伦理学的角度进行综合分析。从社会学的视角，我们需要关注社群内部权力分布和冲突解决机制的建立；从心理学的视角，我们需要关注个体在去中心化环境中的行为动机和心理需求；从伦理学的视角，我们需要关注在去中心化社群中如何维护公正、诚信和责任感。这些挑战需要社群成员、技术开发者和政策制定者共同努力，通过建立健全的治理机制和伦理标准解决。

3. 社区的影响与前景

1）社交结构的重塑

元宇宙中的社区正在引发社交结构的重大变革。这一现象可以从社会网络理论和社会资本理论的角度进行深入分析。社会网络理论强调社交关系的网络结构对个体行为和社会现象的影响，而元宇宙提供了一个跨越传统边界的社交网络空间，使得人们能基于共同兴趣和目标建立更紧密和深度的人际关系。社会资本理论关注社交网络中资源的分配和获取，元宇宙中的社交结构重塑可能导致社会资本的重新分配，促使更加平等和多元的资源获取机会。案例研究表明，通过元宇宙平台建立的社交联系可以跨越地理和文化界限，形成强大的支持网络和创新环境。

2）文化的交流与碰撞

元宇宙社区成为全球文化交流和碰撞的新舞台。这可以从跨文化交流理论和创新扩散理论的角度进行分析。跨文化交流理论探讨了不同文化背景下的人们如何通过交流和互动达到相互理解和认同，元宇宙提供了一个去除物理限制的平台，使得不同文化的人们能自由交流和碰撞，促进文化多样性和包容性的发展。创新扩散理论关注创新如何在社群中传播和被接受，元宇宙中的文化交流和碰撞为文化创新提供了丰富的土壤，加速了创新观念的扩散和接受。

3）技术与社会的互动

元宇宙社区的发展是技术进步和社会需求相互作用的结果。这可以从社会技术系统理论和创新生态系统理论的角度进行阐释。社会技术系统理论认为社会和技术是相互依赖、共同演化的系统，技术的发展不仅受到技术因素的驱动，还受到社会需求和价值观的影响。创新生态系统理论则关注不同利益相关者如何在一个共同的环境中协作创新，元宇宙社区作为一个创新生态系统，聚集了开发者、用户和企业等多方利益相关者，共同推动社区形式和结构的演化。

总之，元宇宙中社区的出现与演化是一个跨学科的研究领域，它涉及技术、心理、社会学等多个领域，需要我们进行深入探讨和研究。元宇宙为社交互动带来了无限的可能性和机遇。从虚拟空间的社交模式，到深度的人际关系建立，再到基于兴趣的社区建设，我们可以看到一个与现实世界截然不同但同样丰富多彩的社交网络正在崛起。这不仅是技术的革命，更是社会、文化和人性的一次深度反思和探索，为我们的未来社交模式提供了全新的视角和思考。

4.3 虚拟经济与价值交换：虚拟交易的新纪元

在数字化的浪潮中，经济的模式和构成正经历深刻的变革，而元宇宙无疑成为这场变革的前沿。从虚拟货币的流通到虚拟资产的价值创造，再到交易与投资的风险与机会，元宇宙正在为我们揭示一个全新的经济维度。

4.3.1 元宇宙经济体系：从虚拟货币到全球化的虚拟交互

在当今的数字时代，元宇宙呈现的全新经济体系正逐渐成为无法忽视的现象。这一体系不仅涉及数字货币交易，更是对传统经济模式的补充和挑战，反映了信息时代下人类交互、价值创造和经济行为的深刻演变。

1. 虚拟货币的意义与影响

1）货币属性的变革

传统货币建立在国家信用和中央银行的管理之上，然而，随着区块链技术和去中心化理念的兴起，虚拟货币如比特币提出了一种全新的货币模式。虚拟货币体现了货币的"自发性质"，即货币可以通过市场机制自发产生，无须依赖政府。这种去中心化特性为元宇宙中的多样化和无国界的经济交互提供了更高的自主性和自由度。然而，虚拟货币的稳定性、安全性和法律地位引发了广泛讨论，经济学家和学者正深入研究其对全球金融体系、货币政策和经济稳定性的长远影响。

2）全球交易的便捷性

虚拟货币的另一个显著优势是其在全球交易中的便捷性。区块链技术的应用使得跨境转账和支付更加快速和低成本，国际金融机构如国际货币基金组织（IMF）和世界银行已经注意到虚拟货币在提高全球支付效率和降低交易成本方面的潜力，并致力于将其纳入国际金融体系。然而，虚拟货币在全球交易中的应用也带来一系列法律、监管和安全挑战，需要国际社会共同努力解决。

3）资产与投资多样化

虚拟货币不仅是一种交易媒介，还成为一种新型资产类别。投资者和用户可以通过交易所和其他平台交易比特币等虚拟货币，也可以投资虚拟资产，如虚拟土地、艺术品等。这种资产和投资的多样化为个人和机构投资者提供了新的投资机会和收益来源，同时也伴随高风险和高波动性。金融学和投资学的理论和模型正在被用来分析虚拟货币投资的风险和回报，以帮助投资者做出更为理智和科学的投资决策。

2. 区块链技术与经济透明性

1）交易的可追溯与不可篡改

区块链技术采用去中心化的账本系统，确保每个参与者都有一份完整的交易记录副本。这种分布式账本技术（DLT）确保一旦交易被添加到区块链中，就不可被篡改或删除。加密学理论如拜占庭容错算法和工作量证明机制支持了这种不可篡改性，极大提升了经济活动的透明性和公正性，有效防止了欺诈和腐败行为。

2）智能合约与自动执行

区块链技术引入了智能合约的概念，这是一种在区块链上自动执行的合约。智能合约通过将合约条款编码为可执行代码，确保一旦合约条件被满足，相关的经济活动就会自动执行，如自动结算、分红等。这种自动执行提高了经济活动的效率，同时增强了合约执行的透明性和可靠性。

3）数据隐私与安全性

区块链技术通过加密技术和分布式结构保障了用户数据的隐私和安全。每个交易都经过公钥和私钥的加密，只有拥有正确私钥的用户，才能访问和修改其数据。分布式账本的结构意味着即使部分节点受到攻击，整个系统的安全性也不会受到威胁。这些特性极大地提高了数据的安全性和隐私性，为用户提供了更加安全、可靠的数字环境。

3. 虚拟经济与实体经济的交融

1）资本流动与连接

元宇宙作为一个虚拟的数字空间，正日益成为现实经济的重要组成部分。虚拟经济与实体经济的资本流动和连接密切相关，有助于提高资源配置的效率，促进经济的增长和繁荣。实体企业通过虚拟品牌推广、数字营销等策略，将其商业影响力扩展到虚拟世界，从而增强了市场竞争力，并为其带来新的收入来源。

2）产业结构的变革

虚拟经济与实体经济的交融对产业结构产生了深刻的影响。传统实体产业（如制造业、服务业）正在与元宇宙中兴起的虚拟产业（如内容创作、虚拟经验设计）形成紧密的交互与融合关系，推动了经济体系的多样化和创新能力的增强。VR技术在制造业的应用是一个典型案例，其提高了生产效率，同时通过虚拟样机、模拟测试等服务，大幅降低了研发成本，减少了时间。

3）文化与价值观的传递

虚拟经济不仅局限于物质交换，更是一个文化、价值观、生活方式交互和传递的平台。在元宇宙中，虚拟品牌和虚拟商品承载着特定的文化意义和价值观，通过与用户的互动，这些文化和价值观得以广泛传播。某些在元宇宙中诞生的虚拟品牌已经跨越虚拟与现实的界限，成为现实世界中的流行文化符号，影响着人们的消费行为和生活方式。

综上所述，元宇宙中的虚拟经济体系与传统经济存在深度交互与影响。这不仅是技术与经济的融合，更是对人类文化、价值观和社会结构的深刻反思和探索。深入研究虚拟经济的各方面，从货币属性变革到区块链技术的应用，再到虚拟经济与实体经济的交融，为我们理解元宇宙时代的经济现象提供了深刻的洞察。

4.3.2 元宇宙内虚拟资产的深度探索：从价值形成到未来流通机制

随着数字化和信息化的推进，元宇宙作为一个与现实平行的虚拟宇宙，呈现出日益复杂的虚拟资产体系。这些虚拟资产不再局限于传统的游戏装备和数字标志，而是逐渐演化为一种独特的资产类别，牵涉复杂的价值形成、流通机制以及未来的潜在可能性。本节旨在通过深入的研究，探讨虚拟资产的多维价值源泉、新型流通交易模式，以及未来的发展前景。

1. 虚拟资产价值的源泉

1）独特性与稀缺性

传统资产价值理论认为，一个物品的价值主要取决于其独特性和稀缺性。在元宇宙中，虚拟土地和物品通过区块链技术获得唯一标识，确保了其不可复制和不可替代的特性。以 Ethereum 和 Decentraland 为例，它们通过智能合约和非同质化代币（NFT）技术，实现了虚拟资产的唯一性和稀缺性，创造了市场上的独特价值。

2）用户投入与情感连接

虚拟资产的价值不仅在于其物理属性，更与用户之间的情感连接和时间投入相关。根据消费者行为学理论，用户对虚拟资产的情感投入和时间投入显著影响其价值评估。在虚拟世界中，用户通过长时间的游戏或社交活动，为虚拟资产注入了大量时间和情感，赋予这些资产独特的情感价值。

3）文化与社会价值

虚拟资产还能代表一种文化象征或社会地位，成为用户身份和地位的标志。社会学和文化研究认为,物品的价值受其所处文化和社会背景的影响。在元宇宙中,虚拟品牌和商品承载着特定的文化意义和社会价值,成为社会地位和文化认同的象征。

2. 虚拟资产的流通与交易

1)去中心化的市场结构

元宇宙市场与传统市场不同,其去中心化特点允许资产拥有者直接进行点对点交易。这一结构变革体现了新制度经济学中的"交易成本理论"。去中心化市场减少了中间环节,显著降低了交易成本,提高了市场效率。例如,以太坊平台上的去中心化交易所 Uniswap 允许用户直接交换代币,减少了传统金融中介的角色。

2)交易的透明性与安全性

区块链技术的引入确保了交易数据的不可篡改性和透明性。这解决了信息不对称问题,提高了市场的整体透明度和信任度。例如,区块链项目 Chainlink 提供去中心化预言机服务,确保智能合约安全、可靠地接入真实世界数据。

3)新的交易与合作模式

智能合约和其他区块链技术的应用催生了新的交易和合作模式,为用户提供了更灵活和创新的方式进行资产交换和利益分享。这可从博弈论中的"合作博弈"理论解释。智能合约提供了可编程和自动执行的环境,使用户能设计复杂而公平的合作方案,实现共赢。

3. 虚拟资产的未来展望

1)多元化的价值创造模式

随着元宇宙技术和应用的不断发展,虚拟资产的价值创造模式将变得更加丰富和多样化。这可以从创新经济学的角度进行解释。新的虚拟社群和元宇宙项目可能会创造前所未有的价值交换和合作模式。例如,非同质化代币的兴起为艺术品和收藏品的交易提供了新的平台。

2）现实与虚拟的交融

随着技术的进步，虚拟资产和现实资产之间的界限将越来越模糊。数字孪生技术通过物理资产的数字复制，实现虚拟世界和现实世界的无缝连接。未来，虚拟资产可能会更加紧密地与现实资产相互作用，创造跨界的价值和服务。

3）伦理与法律的挑战

虚拟资产的发展伴随着伦理和法律问题。这可从信息伦理学和网络法学的视角进行分析。所有权、使用权以及价值划分等问题需要明确的法律规范和道德标准。虚拟资产交易引发的隐私、安全以及税务问题也需要深入研究和解决。

综上所述，本节深入剖析了元宇宙内虚拟资产的多维度特征，从其独特的价值源泉、去中心化的市场结构，到未来可能的发展趋势。这一全面而深刻的研究有助于我们更好地理解和应对虚拟资产经济体系中的机遇与挑战。

4.3.3　元宇宙中的交易与投资：风险测度与机会洞察

随着技术不断进步，元宇宙已成为数字时代的前沿，为交易和投资提供了前所未有的机会和空间。然而，在这一全新的经济生态系统中，机遇与风险同在，深入探讨其内在规律和特性变得至关重要。

1. 元宇宙经济的风险因素

1）经济模型的不稳定性

元宇宙经济模型的不稳定性涉及创新经济学和金融稳定性的关切。作为创新经济形式，元宇宙的发展路径充满不确定性，表现为"路径依赖"现象。历史上的互联网和区块链市场的波动性验证了新兴市场往往伴随着高度波动。此外，元宇宙内货币政策和交易机制的不成熟也可能引发系统性风险，成为金融稳定性的热点讨论。

2）虚拟资产的高波动性

虚拟资产的高波动性是其天然属性，根植于资产定价理论和市场微观结构理论。虚拟资产的价值受市场需求、供给微观动态、用户活跃度等多重因素影响，导致其价格波动较大，要求投资者具备较强的风险承受能力。

3）信息不对称与欺诈行为

元宇宙经济中的信息不对称问题需要从博弈论和信息经济学的角度解析。尽管匿名和自由特性为创新和灵活性带来机遇，但也为不良行为者提供了可乘之机。信息不对称可能导致市场操纵或欺诈行为，损害其他市场参与者的利益。因此，建设透明、公平的市场环境和制定有效的监管政策对于元宇宙经济的健康发展至关重要。

2. 元宇宙经济的机会洞察

1）市场的巨大潜力

元宇宙作为数字经济的新领域，其市场潜力可以从增长理论和创新生态系统的角度审视。内生增长理论认为，技术创新和人力资本的积累是长期经济增长的关键。元宇宙为技术创新和知识传播提供了平台，为初创企业和投资者提供了新的增长机会。同时，创新生态系统理论强调了多元参与者和资源的共同作用，推动整个生态系统的发展。

2）多样化的投资途径

元宇宙为投资者提供了多样化的投资途径，从资产配置和金融创新的角度看，投资者可以通过分散投资于虚拟资产、虚拟房地产、品牌合作等不同类型的投资标的，优化其资产组合，提高风险调整后的回报。与此同时，金融创新在元宇宙中迎来了全新的发展，通过区块链和智能合约技术创造了丰富多彩的金融产品和服务。

3）跨界合作与创新驱动

元宇宙的发展推动了跨界合作与创新驱动，可从开放创新和产业生态理论视角理解。开放创新理论认为，企业需要通过内外部知识流动和资源整合加速创新。元宇宙为多个领域的企业和个体提供了一个开放的平台，鼓励文化、娱乐、教育等产业共同参与创新。产业生态理论则强调不同产业之间合作与共生的重要性，元宇宙正成为这种跨界合作和产业融合的典范。

3. 前瞻性思考与建议

1）风险管理与教育

面对数字金融的复杂性和不确定性，风险管理成为资产安全的关键。现代投资理论强调通过分散投资降低特定资产的风险，而对冲策略、保险和风险评估等工具则提供了有效的风险管理手段。此外，金融教育的重要性也日益凸显，投资者和企业需要通过学习和培训提升自身的风险意识和风险管理能力。

2）深度研究与数据支持

投资决策应基于深度研究和数据分析，以提高决策的准确性和效率。信息经济学认为，在信息不对称的市场中，获取和分析信息是实现优势的关键。数据科学和机器学习等技术的应用，有助于投资者从大量市场数据中提取有价值的信息，形成科学、客观的投资决策依据。

3）法规与伦理指引

随着元宇宙经济的发展，法律法规和伦理指引的健全显得尤为重要。法经济学研究法律规则对经济行为的影响，强调法律制度在保障市场公平、维护社会正义方面的作用。在元宇宙经济中，制定和执行相关的法律法规有助于防范市场操纵，保护消费者权益，维护健康有序的市场环境。同时，伦理学对指导个体和企业的行为、培养社会责任感也发挥着重要作用。

总之，元宇宙为交易与投资创造了无尽的机会，同时也伴随着多重风险。深入理解其规律、挑战和机遇对投资者、企业和监管机构至关重要。元宇宙呈现出与传统经济迥异的新图景，为经济学、金融学和社会学提供了新的研究课题。在这个数字时代，我们需要更加开放的视角，深入探讨和理解元宇宙经济的规律和特性，以应对未来的机遇和挑战。

第 5 章

多感知的元宇宙
——构建综合体验

05

5.1 感官心理学：整合视觉与听觉的新方法

随着科技的进步，视听体验在元宇宙中得到全新的定义和展现。传统的二维视觉与单一的音效正逐步被深度融合的三维景观和立体音效所取代，为用户带来更为真实的沉浸体验。

5.1.1 元宇宙中的视听科技演变：探索其深度影响与未来趋势

元宇宙，作为数字化时代的新前沿，正在引起全球范围内的极大关注。这一概念的兴起部分得益于近年来视听科技的迅猛进步。元宇宙不仅是技术与艺术的结合，更是一种旨在打破真实与虚拟之间界限的数字空间，为用户提供了深度沉浸、高度交互的体验。

1. 计算机图形学的革命性进步

1）真实度与细节

随着图形处理器（GPU）计算能力的急速提升，元宇宙图像渲染技术迎来了革命性的发展。光线追踪技术的广泛应用使图像渲染真实感达到前所未有的水平。相关文献（Cook et al., 1984）指出，光线追踪通过模拟光线传播，生成高度真实的图像，已经在电影制作和高端游戏中得到广泛运用。此外，对皮肤次表面散射（Subsurface Scattering）技术的创新性探讨进一步提升了人物皮肤的真实感和细节。类似地，基于质点弹簧模型（Mass-Spring Model）的布料模拟技术也在模拟织物外观上取得了新的突破。

2）动态互动与反馈

先进的物理模拟技术使得元宇宙中的物体不仅在外观上真实，行为也能够符合物理规律。对流体动力学的模拟,基于 Navier-Stokes 方程,实现了水、烟、火等自然现象的真实再现(Foster & Fedkiw,2001)。同时,碰撞检测技术的应用确保了物体之间的交互能实时准确地计算,防止了一些不真实的现象。物体变形的模拟则借助弹性体力学,模拟了物体在受力后的变形行为(Terzopoulos & Fleischer,1988)。

3)算法的创新

深度学习和神经网络在图形学中的应用带来一系列革命性的算法创新。生成对抗网络(GANs)通过生成高度真实的虚拟人物和场景,几乎无法与真实世界区分(Goodfellow et al.,2014)。此外,实时渲染技术如 NVIDIA 的深度学习超级采样(DLSS)通过神经网络的运用,在保持高图像质量的同时显著提升了渲染性能(NVIDIA Corporation)。

2. VR 与 AR 的融合

1)沉浸式体验

VR 技术借助高清显示器、高精度传感器和 3D 音效技术,为用户提供全方位的沉浸式体验。相关研究(Lombard & Ditton,1997)指出,高分辨率和低延迟是提高虚拟现实体验质量的关键因素。为实现这一点,开发者采用了一系列优化算法和硬件加速技术,以提高渲染效率并减少延迟。同时,通过生物反馈技术,例如眼球追踪技术和脑机接口技术,研究人员探索着提高沉浸感的新途径。

2)真实与虚拟的交互

AR 技术通过将数字信息叠加到真实世界中,为用户提供一种全新的交互体验。关键在于准确的物体识别和空间定位技术。通过机器学习和计算机视觉技术,AR 系统实时识别用户环境中的物体和空间布局,并将虚拟信息精准地叠加到现实世界中,为用户提供更加直观和自然的交互方式。

3)跨界应用

VR 和 AR 技术的广泛应用触及生活的各方面,包括教育、娱乐、医疗和艺术。在教育领域,这些技术用于创建沉浸式的学习环境,帮助学生更好地理解复杂概念(Freina & Ott, 2015)。在医疗领域,这些技术应用于手术模拟、疼痛管理和康复训练(Rizzo et al., 2011)。而在艺术领域,VR 和 AR 技术的创新应用为艺术家提供了新的表现手法和艺术形式。

3. 未来的视听科技趋势与挑战

1)超真实的模拟

随着量子计算和深度学习技术的发展,实现超真实模拟的前景变得更为清晰。量子计算的高计算能力处理了传统计算机难以应对的复杂系统和海量数据(Preskill, 2018)。深度学习,特别是生成对抗网络在生成逼真图像和视频方面展现了强大的能力。这些技术的结合将使未来的元宇宙能提供超越现实的高级模拟,创造出极为逼真的虚拟环境和体验,使虚拟与真实之间的界限变得更加模糊。

2)传感技术与生物交互

未来的元宇宙将更加注重用户体验的个性化和直观性。传感技术的进步使我们能捕捉更多的生物数据和情感反馈。脑机接口技术的发展有望允许用户通过思维直接控制虚拟环境。然而,这些技术的整合也带来了隐私和安全问题,如何在提升用户体验的同时保护他们的生物数据将是一个重大挑战。

3)伦理与隐私

技术的进步不仅带来便利,还伴随着一系列伦理和隐私问题。随着元宇宙的发展，用户将更多地将个人信息和生物数据暴露在虚拟世界中。如何确保这些敏感信息安全，防止被滥用，是技术开发者和政策制定者必须认真面对的问题。虚拟世界中的行为和道德规范也需要重新定义和建立，以防止虚拟空间成为不法分子的避风港。

综合而言，元宇宙中的视听科技正处于创新和革命的时代，为人们提供了前所未有的体验和机遇。然而，这一切也伴随着新的挑战和问题。对于研究者、开发者和决策者而言，理解这些趋势、机遇和挑战，将是走向成功的关键。

5.1.2　3D 音效与元宇宙空间的听觉体验：深入探讨与前景

在元宇宙的丰富虚拟环境中，3D 音效技术作为实现沉浸式听觉体验的关键，引发了深入的研究和探讨。本节将深入探讨 3D 音效的原理与应用、增强空间感知的关键技术，以及未来的趋势与挑战。

1. 3D 音效的原理与应用

1）物理建模与模拟

3D 音效生成涉及声音在不同环境中传播的物理建模与模拟。这超越了简单的声音位置放置，而需要深入研究声音在空间中的传播、与材质相互作用、受环境因素影响的物理建模。例如，声音在山谷中传播会受到地形的影响，产生回声和共鸣效应。通过先进的计算技术，对环境进行精确的物理建模和模拟，实现了对复杂声学现象的还原，为用户提供真实的听觉感知。

2）HRTF 技术

Head-Related Transfer Function（HRTF）是实现精确 3D 音效的关键技术。HRTF 模拟了声音受人类头部、耳朵和身体影响的过程，调整声音的传播以模拟真实的三维音效。该技术在虚拟现实、游戏和影院等领域得到广泛应用,使用户在没有视觉信息的情况下可准确判断声音的来源方向和距离,实现真正的三维音效。

3)动态适应

在元宇宙这一虚拟环境中,音效需要动态适应用户行为和环境变化。系统需要实时计算新的位置、方向和速度,并相应地调整声音的传播,以保持音效的准确性和真实性。例如,用户靠近声源时,系统需要加强声源的音量和清晰度,用户转头时,系统需要调整声音的方向,以维持音效的准确性。

2. 增强空间感知的关键技术

1)混响与环境模拟

混响是声音在空间中的反射、折射和吸收引起的残响效果。为了实现强烈的混响效果,技术人员需要深刻了解声学理论,利用数字信号处理技术模拟声音在特定环境中的行为。通过复杂的算法和计算模型,如几何声学模型和波动方程模型,3D音效技术能再现不同环境中的独特声音特性,提高听觉的空间感知。

2)物体与事件的音效设计

在元宇宙中,对每个物体和事件的声音设计至关重要。设计师需要根据物体的属性和事件的性质设计合适的音效,并调整参数,以确保与视觉效果的同步和协调。这需要深厚的音效设计经验和对物理声学的深刻理解,以实现真实感强烈的效果。

3)听觉引导与心理反馈

音效在元宇宙中的作用不仅是模拟现实,还可以作为一种工具引导用户的注意力,增强用户的参与度和沉浸感。利用心理声学的理论和方法,音效可以通过定位和空间属性引导用户的注意力,或通过特定音频刺激引发用户的情感反应。适当的音效设计能显著提高用户的体验质量,增强其对虚拟环境的认同感和满意度。

3. 未来的趋势与挑战

1）人工智能与音效设计

随着机器学习和深度学习的发展，未来的 3D 音效设计有望变得更加智能和个性化。AI 系统能学习用户的听觉偏好，实时调整音效参数，提供更符合个人需要的听觉体验。然而，确保 AI 系统的透明性和可解释性，防范潜在的偏见和误导，是需要解决的挑战。

2）听觉现实增强

将虚拟音效与现实世界的声音相结合，提供增强的听觉现实体验，是未来的趋势。这需要高精度的声音定位和识别技术，以及复杂的算法实现声音的无缝融合和实时处理。然而，确保声音的同步性和一致性，避免用户的听觉疲劳或不适，是需要重点关注的问题。

3）伦理与隐私问题

随着 3D 音效技术的发展，用户的听觉数据成为新的敏感信息，其隐私和安全性引起广泛关注。确保用户听觉隐私，防止未经授权的访问和滥用，以及防范潜在的健康风险，都是需要解决的重大问题。

综合而言，元宇宙为 3D 音效提供了广阔的应用平台，但同时也带来许多新的挑战。要充分展现其潜力，需要研究者、开发者和设计师深入合作和创新。

5.1.3 元宇宙中的动态性：深化实时反馈与环境交互的探讨

元宇宙，作为一个崭新的数字空间，以其高度动态、实时交互的特性而备受关注。该环境的独特之处不仅在于其视觉细节，更在于其与用户行为的高度响应性和互动性。本节将从技术、应用和未来趋势 3 方面深入分析元宇宙中的动态环境与实时反馈。

1. 技术层面：构建高度动态的元宇宙

1）实时物理引擎的进化

在构建元宇宙这一高度复杂和动态的虚拟环境中，传统的电子游戏物理引擎已显得力不从心。为了应对元宇宙中成千上万个用户的实时交互和复杂的物理现象模拟需求，新一代的实时物理引擎正不断演进。利用并行计算、GPU 加速和优化算法，先进的实时物理引擎（如 NVIDIA PhysX 和 Unity DOTS）在处理复杂场景时表现卓越。

2）AI 与深度学习的应用

随着机器学习和深度学习的进步，AI 技术成为构建动态、响应式元宇宙的关键工具。通过分析用户的行为、偏好和历史数据，元宇宙能动态地调整其环境和内容，提供更加个性化和吸引人的体验。推荐系统、AI 驱动的 NPC 和智能助手逐渐变得更加智能，为用户提供了自然而丰富的互动体验。

3）先进的交互界面

为了使用户能更加自然和直观地与元宇宙互动，先进的用户交互界面至关重要。包括语音识别、手势控制、眼球追踪和脑机接口等技术的发展，为用户提供了多样化的交互方式。这些界面的发展不仅需要先进的传感技术，还需要强大的信号处理和机器学习算法，以确保其准确性和可靠性。

2. 应用层面：用户与元宇宙的沉浸式体验

1）动态适应的虚拟世界

实现真正沉浸式的用户体验需要元宇宙中的虚拟世界能动态适应用户的行为和互动。这不仅包括视觉元素的变化，还包括对物理规则的模拟。例如，在虚拟森林中行走时，树木和植被会因为风的作用而摇动，脚步声会在空间中传播，水面会因为接触而产生涟漪。系统需要实时感知用户的行为并做出响应,这需要计算机图形学、物理模拟和人机交互等多个领域的先进技术。

2)社交与合作的实时反馈

元宇宙为用户提供了一个实时的、全球范围内的虚拟社交平台。用户可以与来自世界各地的其他用户进行互动、合作或竞技。为了实现这一点,系统必须支持大量用户的并发在线,并确保他们的行为和状态能实时同步到每个用户的界面上。网络技术、分布式计算和实时同步算法等多个技术领域都参与其中。分布式网络协议(如 WebRTC)被用于实现浏览器之间的直接通信,从而减小延迟并提高实时交互的流畅度。

3. 未来趋势:向更高的现实感迈进

1)混合现实的交互

为了实现真正沉浸式的用户体验,元宇宙中的虚拟世界必须能动态适应用户的行为和互动。研究者提出多种算法和框架来实现这种动态适应性,如基于物理的渲染技术可以实现更真实的光照和材质效果,而仿真系统(如 NVIDIA Flex)则模拟复杂的流体和软体动力学。

2)伦理与隐私的挑战

为了提高用户的沉浸感和满意度,元宇宙的环境需要能根据每个用户的个人喜好和需求进行动态调整。实现这种个性化调整需要系统能准确理解用户的喜好,并能实时地做出响应。这可能涉及用户行为分析、机器学习和推荐系统等技术。例如,基于协同过滤的推荐算法可以预测用户可能喜欢的环境设置,并据此调整虚拟世界的参数。

总之,元宇宙中的动态环境与实时反馈是其吸引力的核心。要真正实现其潜力,需要在技术、应用和伦理 3 个层面进行深入探讨和研究。元宇宙为视听体验开辟了全新的领域。从科技的进步到空间的感知,再到环境的动态交互,每个环节都展现了元宇宙无限的可能性和魅力。在这个虚拟与现实交织的新纪元，我们需要更加开放的眼界，深入探索和理解元宇宙中的视听艺术，为未来的科技、艺术和文化发展提供新的思考和启示。

5.2 人机交互的未来：仿生学在重建触觉与嗅觉中的应用

在数字化和虚拟化的浪潮中，感知技术的挑战和机遇相伴而生。其中，触觉与嗅觉作为人类五感中较难模拟的部分，其在元宇宙的重建和应用尤为引人注目。为了带给用户全方位、沉浸式的体验，科学家和工程师正致力于突破这一领域的技术难题。

5.2.1 深入探析 VR 中的触觉技术：从基本模拟到高度真实的物理感知

VR 已经从过去的视觉和听觉沉浸中解放出来，向全感官的虚拟体验迈进。触觉反馈在这一进程中成为实现全感官沉浸的关键技术之一。本节将系统地探讨触觉技术的发展趋势、挑战，以及其在虚拟现实中的应用前景。

1. 触觉技术的进化与应用

1）基础的触觉模拟

触觉模拟最初阶段主要依赖于机械振动和电动马达，用于产生基本的物理反馈。典型的应用包括振动手柄和触觉手套，通过振动模拟用户在虚拟环境中与物体互动的感觉。尽管这种技术相对简单，但为触觉技术的进一步发展奠定了基础。J.J. Gibson 的感觉觉知论为触觉模拟提供了理论基础，强调感官刺激与感知之间的直接联系。

2）复杂物理互动的模拟

随着技术的进步，触觉模拟已演进到利用超声波、气流和电磁技术，以模拟更为复杂的物理互动。这些技术不仅模拟物体的形状、质地和温度，还在用户与虚拟物体互动时产生真实的阻力和压力反馈。HaptX Gloves等产品通过微型气泡和力反馈技术实现了高度精确的触觉反馈，提供更为丰富的用户体验。

3）逼真的触觉渲染

为生成更逼真的触觉效果，研究人员开发了先进的触觉算法和模型，模拟不同物质、液体和气体之间的摩擦、碰撞和渗透等复杂物理现象。物理学和计算机科学的交叉研究，如有限元分析（FEA），被用于模拟和分析物体的物理行为。这些技术不仅在虚拟现实中应用，还用于医疗模拟、机器人技术和工业设计等领域，如虚拟手术模拟器提供逼真的触觉反馈，帮助医生提高手术技能。

2. 挑战与未来趋势

1）技术局限性

尽管现代触觉设备在模拟各种物理体验方面取得了显著进展，但在模拟某些特定触觉体验，如湿润、痒或疼痛等方面仍然面临挑战。触觉感知的复杂性和多样性，以及人体皮肤的高度敏感性，是技术发展中的限制因素。为了模拟更真实的触觉体验，触觉设备需要能精确地激活和控制不同类型的感受器。

2）人体生理与心理的复杂性

人类的触觉体验涉及生理、心理和认知层面，受到个体情绪、心理状态和过去经验的影响。未来的触觉技术需要综合考虑这些因素，以提供更为丰富和真实的触觉体验。心理学理论如 James J. Gibson 的感知生态学和 Donald Norman 的情感设计理论提供了理论基础，强调环境、个体状态和感知之间复杂的相互作用。

3）智能化的触觉反馈

随着机器学习和人工智能技术的发展，未来的触觉设备将能实时学习用户的偏好和习惯，动态地调整反馈模式，提供更为个性化和真实的触觉体验。触觉设备需要具备高度的自适应性和学习能力，能从大量用户互动数据中提取有用信息，并将这些信息转换为更精确的触觉反馈。深度学习和强化学习等先进的机器学习技术在这一领域将发挥关键作用。

综上所述，虚拟现实中的触觉技术正在经历从基础到高级、从简单到复杂的演变过程。这一进程不仅为用户提供了更为真实和细致的虚拟体验，还推动了对人类触觉系统更深入的理解，促使多学科的交叉研究和合作，为未来的技术创新和应用奠定坚实的基础。

5.2.2　嗅觉模拟的挑战与机遇：从化学到神经科学的探索

嗅觉，作为人类五感之一，不仅是环境感知的一部分，更深刻地与情感、记忆以及社交行为相互交织。与触觉和视觉等感官相比，嗅觉的模拟在技术上面临着更大的复杂性和挑战。然而，随着科技的迅猛进步，嗅觉模拟领域正在迎来一系列令人瞩目的突破，这些突破可能为未来的元宇宙或增强现实体验带来新的机遇。

1. 化学物质的应用与局限性

1）基本原理

嗅觉的根本机制在于化学物质与鼻腔内受体的相互作用，引发一系列神经反应。通过调控不同化学物质的比例，理论上我们能模拟出多种气味。这需要对化学物质混合比例进行精确控制，以确保模拟的气味与实际情境相符。

2）现有研究

近年来，通过化学方法模拟简单气味的研究取得了一些显著进展，依赖于对特定气味分子的深入了解和对人类嗅觉系统运作机制的模拟。一些实验室已成功开发出气味合成技术，如气味播放器和电子鼻，展示了化学方法在嗅觉模拟中的巨大潜力。为了提升模拟嗅觉的准确性，认知科学和化学传感领域的理论与模型得以应用。例如，基于受体结合理论的计算模型能预测特定化学物质混合物的嗅觉效果。机器学习技术的引入为识别和生成复杂气味提供了新的途径，通过分析大量数据，能揭示复杂气味背后的规律，并据此生成新的气味。

3）技术挑战

尽管已取得一些鼓舞人心的进展，但要完全复制真实的嗅觉体验仍然面临巨大的技术挑战。真实的嗅觉体验由数百到数千种不同的化学物质复杂交互而成，这些物质在不同浓度下可能产生完全不同的气味感知。此外，人类对气味的感知极为微妙，受到环境、心理状态等多种因素的影响，增加了模拟嗅觉体验的复杂性。

2. 神经科学在嗅觉模拟中的应用

1）基本原理

除了化学途径，一种可能的方法是通过直接刺激大脑，绕过鼻腔产生嗅觉体验。这需要对神经科学有深刻的理解，特别是要精确地定位和理解大脑区域对嗅觉信息处理的功能。

2）现有研究

创新性的研究项目正在探索应用神经科学技术，例如深度脑刺激（DBS），通过直接操作大脑以重建嗅觉体验。这些研究在医学和伦理指导下进行，旨在探索大脑如何处理嗅觉信号，并尝试创造出一种新的嗅觉体验。高级的成像技术，如功能磁共振成像（fMRI），用于观察和分析大脑活动的模式。为了克服这些挑战，研究者可以应用计算神经科学的理论和模型，更好地理解大脑对嗅觉的处理机制，并指导实验设计。例如，使用计算模型模拟大脑内的神经活动，预测不同刺激对嗅觉体验的影响。

3）技术挑战

虽然直接刺激大脑为嗅觉模拟提供了新的可能性，但也带来技术和伦理上的重大挑战。由于大脑的极其复杂性，因此需要高度精密的技术实现对特定大脑区域的精确刺激。此外，涉及直接操作大脑，需要全面的伦理审查，以确保研究的安全性和合规性。

3. 对元宇宙的影响与机会

1）嗅觉在虚拟世界的价值

想象一下能够嗅到的元宇宙，将极大地提高虚拟体验的沉浸感。在元宇宙中嗅觉的整合是一次创新的尝试，可能显著提升虚拟体验的沉浸感和真实感。通过引入嗅觉维度，我们可以基于心理学和认知科学的理论，如感觉整合理论和沉浸式体验理论，设计更为丰富和真实的用户体验。

2）可能的应用场景

嗅觉的虚拟模拟开启了一系列令人兴奋的应用可能性。用户可以在元宇宙中穿越至不同的文化背景和历史时期，体验特定地区的食物氛围和环境气息，或是重温与个人记忆相关的特定气味，从而产生深厚的情感联系。这不仅基于认知心理学中的记忆和情感理论，还涉及跨模态感知的研究，探讨如何通过一个感官通道（如嗅觉）激发另一感官通道（如视觉或听觉）的感知体验。

3）技术整合

将化学和神经科学方法结合，可能为虚拟嗅觉的复杂模拟提供新的方向。为了实现虚拟嗅觉的复杂模拟，一种可行的方案是将化学方法和神经科学方法结合起来。化学方法依赖于合成或提取特定的气味分子，神经科学方法则通过直接刺激大脑产生嗅觉体验。这要求我们借助先进的神经成像技术，如功能磁共振成像和脑机接口，深入理解大脑如何处理嗅觉信息，并将这些知识应用于虚拟嗅觉的精确模拟中。此外，这种整合还需要解决技术兼容性和用户体验设计等一系列问题，以确保虚拟嗅觉系统的有效性和用户友好性。

总体而言，嗅觉模拟技术虽然仍处于起步阶段，但它为未来的虚拟体验开辟了新的领域。随着相关研究的深入，我们有理由相信，未来的元宇宙将不仅是一个可以看到和触摸的世界，更是一个充满各种感官体验的多维度宇宙。

5.2.3 多感官的同步与整合：元宇宙中的完整沉浸体验之路

元宇宙，作为未来数字生态系统的前沿，旨在为用户提供与现实无异的沉浸式虚拟体验。然而，仅依靠单一感官体验（如视觉或听觉）是远远不行的。本节深入探讨多感官同步与整合在元宇宙中的关键作用，强调无缝整合的理论背景、技术挑战，以及人工智能的崭新角色。跨学科合作的重要性也被强调，将生物学、神经科学、心理学、计算机科学和工程技术等领域的知识整合，共同致力于实现更深层次的多感官体验研究。

1. 无缝整合的重要性与挑战

1）理论背景

现代心理学和神经科学的深入研究揭示了大脑对多感官信息高度整合的能力，形成统一的感知体验。感觉整合理论强调大脑能将来自不同感官的信息融合在一起，创造出连贯的感知世界。

2）技术挑战

在元宇宙中，为实现沉浸式用户体验，多感官整合的重要性不可忽视。然而，技术上实现视觉、听觉、触觉、嗅觉等多个感官输入的同步和无缝整合仍是一项巨大挑战。解决这一问题需要高级图形渲染、音频处理、触觉反馈等技术的突破，同时，考虑到个体差异，使系统能根据用户的个人特征进行调整，提供最佳的感官体验。

3）应用案例

一些先进的虚拟现实游戏展示了多感官整合的应用。玩家在虚拟环境中行走时，通过高清显示器或头戴式设备看到逼真的环境，通过3D音频技术聆听到环境声音，触觉反馈设备传递微风和嗅觉模拟设备营造森林气味，共同提升游戏的沉浸感。

2. 人工智能在多感官同步中的角色

1）技术驱动

构建复杂的虚拟环境（如元宇宙）需要实时而精准地调整感官反馈。传统的编程方法在处理这种高度动态和复杂任务方面显得力不从心。人工智能（AI），特别是深度学习技术，在这一领域展现出潜力。通过自主学习和模式识别，AI能实现更自然和流畅的多感官同步。

2）感知优化

AI的优势在于不仅反应性地处理信息，还能预测用户需求。它通过分析用户行为和反馈，预测用户可能想要的感官体验，并调整虚拟环境的输出。这使AI成为实现个性化和高度沉浸感体验的关键技术。

3）技术挑战

尽管AI在多感官同步和感知优化方面展示出潜力，但确保其算法决策与人类自然感知一致仍是挑战。AI系统需要在极短时间内处理大量复杂的感官数据，确保准确决策，避免用户感到不适或产生感知混淆。

3. 跨学科合作的重要性

1）整合知识

多感官同步和整合研究不仅面临技术挑战，还涉及复杂学术问题。解决这些问题需要整合生物学、神经科学、心理学、计算机科学和工程技术等多个学科的知识和资源。

2）研究深度

实现深刻研究和创新需要学科间深度合作和知识共享。神经科学中的发现可以启发工程师和计算机科学家开发新算法和技术，反之亦然。心理学家、设计师和工程师之间的合作对于深入理解用户体验也至关重要。

3）合作模式

在这一领域，跨学科合作不再可有可无，而是必不可少。各领域专家的共同参与、数据和知识的共享、研究进展的协同推动，是实现前所未有多感官体验的关键。通过共同研究项目、学术研讨会和研究生培训项目，不同领域的研究者能更紧密地合作，共同推进多感官同步和整合的研究。

总而言之，为了在元宇宙中为用户提供真正的沉浸体验，多感官的同步与整合是关键。技术、学术和跨学科合作应共同努力。随着研究的不断深入，未来的元宇宙有望为用户提供一个与现实无异，甚至超越现实的多感官体验。触觉与嗅觉，在元宇宙的构建中扮演着不可或缺的角色。尽管技术上的挑战重重，但随着科技的进步和跨学科合作的深化，我们有理由期待未来的元宇宙将为用户提供一个真实、丰富，并且沉浸式的多感官世界。

5.3 元宇宙的跨模态交互：构建、理解与情感连接

元宇宙，作为数字时代的新前沿，不仅是一个简单的虚拟世界。它结合了先进的技术、人的社交需求和情感连接，成为一个真实世界的扩展。其中，跨模态交互起到了关键的作用。

5.3.1 人与虚拟环境交互的深度研究

在 21 世纪的技术浪潮中，元宇宙作为一个概念逐渐浮现并受到广泛关注。这一概念涉及人类如何在一个构建的、高度逼真的虚拟环境中与其进行交互，超越了传统虚拟现实或增强现实的范畴。为了更深入地探讨这一议题，我们将从技术支撑、用户体验以及未来展望 3 个重要方面进行阐述。

1. 技术支撑：从感知到传输

1）多模态感知技术

在数字金融领域，多模态感知技术是实现高度沉浸式体验的关键。这包括对眼球运动、生物电信号等的监测，其原理基于计算机视觉、模式识别和机器学习等领域的最新研究成果。例如，通过眼球追踪技术，系统可以准确识别用户的注意焦点和兴趣点，而生物电信号的监测则需要复杂的信号处理和特征提取技术。

2）实时传输技术

在数字金融的虚拟环境中，强大的实时传输技术是确保用户获得无缝即时交互体验的关键。新兴技术如 5G 网络和边缘计算提供了高带宽和低延迟的特性，以确保感知数据能迅速准确地传输到服务器进行处理。

3）数据处理与 AI 算法

数据处理与 AI 算法将感知数据转换为虚拟环境中的具体指令。这

涉及传统的信号处理技术以及机器学习和深度学习等人工智能算法。通过对用户行为和反馈的学习，这些算法能不断优化系统的性能，提供更准确和个性化的服务，如在数字金融中通过分析用户的操作习惯和交易记录，预测其可能感兴趣的金融产品，并在合适的时机推荐给用户，提高用户体验和交易的成功率。

2. 用户体验：直观、自然与个性化

1）直观的交互方式

为了提升用户体验，数字金融的虚拟环境需要发展直观的交互方式。用户已经能够通过手势、声音或眼神等自然方式与虚拟环境进行交互，基于对人类行为和生理反应的深入理解，涉及人机交互、认知科学和机器学习等多个学科领域的研究。通过深度学习模型，系统可以准确识别用户的手势和表情，提升了交互的效率，增强了虚拟环境的沉浸感。

2）自然的反馈机制

为用户提供真实感强烈的反馈是增强其虚拟体验的另一关键环节。通过振动、温度变化或其他感官刺激，模拟真实世界中的触感。这基于对人类感官系统的深刻理解，涉及物理学、神经科学和心理学等学科的知识。例如，触觉反馈技术通过振动电机或其他设备，模拟不同材料和物体的触感，提供给用户真实的触觉体验。

3）AI 驱动的个性化体验

数字金融的虚拟环境通过机器学习和深度学习技术对用户的行为和偏好进行持续学习，实现更精确地理解其需求。这能为用户提供更准确的服务和推荐，根据不同用户的特性，为其量身定制独特且个性化的交互体验。例如，系统可以通过分析用户的历史交易数据和行为模式，预测其可能感兴趣的金融产品或服务，并在合适的时机主动推荐给用户，提高服务的个性化水平和用户满意度。

3. 未来展望：一个完全沉浸的世界

1）物理与虚拟的融合

未来的元宇宙可能超越我们对虚拟现实的理解，实现物理与虚拟的深度融合，形成一个真实与虚拟共存、互通有无的环境。这种融合将涉及视觉、听觉、感觉、认知乃至情感层面的深度交融，需要在计算机视觉、混合现实（MR）和 AR 技术的基础上进一步探索和突破。

2）更高的社交连通性

未来的元宇宙将成为一个社交性极强的空间，由无数互联的虚拟空间构成。这要求在网络技术、分布式计算和人工智能算法等方面进行深入研究和创新，以支持这种高度复杂和动态的社交网络。

3）更深层次的 AI 整合

AI 将在未来的元宇宙中发挥更为关键和核心的作用，不仅在用户交互的层面，还可能成为元宇宙的核心构建者和管理者。这需要在自主学习、创造性问题解决和自适应系统设计等方面进行深入研究，并探索如何将 AI 更深层次地融入虚拟世界的构建和管理中。

综上所述，人与虚拟环境的交互是一个复杂而充满可能性的领域。随着技术的进步和研究的深入，我们期待在不久的未来能真正融入这个充满无限可能的虚拟世界。

5.3.2 人与人在元宇宙中的深度社交交互探究

元宇宙，代表着时代的演进，反映了人类对社交、信息交流和身份呈现的不断探索。在这个虚拟宇宙中，人与人的互动已经超越传统的文字和语言沟通，演变为一种更为丰富、直观和情感化的交互方式。这一变革不是偶然的结果，而是技术、心理和社会因素的相互交织。

1. 技术驱动下的身份再现

1）逼真的虚拟形象

在元宇宙中,技术的应用使得人们能通过虚拟化身来呈现自己,从基本的形象设计到复杂的情感和表情展示。通过先进的图形渲染和计算机视觉技术,我们创造了逼真的虚拟形象。这不仅需要深入的图形学理论支持,还需大量计算资源和复杂算法。逼真的虚拟形象显著影响用户的身份认同和沉浸感,为虚拟世界提供更真实和自然的体验。

2）情感与表情的传达

借助面部识别和情感分析技术,我们能捕捉用户微小的表情和情绪变化,并实时反映在其虚拟化身上。这需要深入研究面部表情生成机制、情感认知理论,以及相关的机器学习模型。传达用户的情感和表情对于建立真实感和增强社交互动至关重要。

3）自定义与创意

强大的自定义工具允许用户创造独特的虚拟形象,为社交提供更多的可能性。元宇宙提供了丰富的自定义工具,让用户按照自己的意愿创造独特且个性化的虚拟形象。这不仅是技术问题,更涉及用户创意、审美和文化认同。提供多样的自定义选项能增强用户创造性表达和社交参与度,创造出独一无二的文化和社区。

2. 沉浸式社交的体验

元宇宙不仅为用户带来简单的社交体验,更是一种前所未有的沉浸感。

1）空间与场景共建

元宇宙提供了多种共同创造和体验的场景,增强了用户之间的连接和互动。用户不再是被动接收信息,而是通过参与和创造成为内容生成的一部分。这与社会建构主义理论一致,强调个体在学习过程中的主动作用和社会环境的重要性。用户能共同创建和体验虚拟空间，增强社群的凝聚力和活跃度。

2）多模态交互的深化

未来的元宇宙可能支持更多的感官输入，如触觉、嗅觉，丰富人与人之间的互动。这与认知科学的多模态理论吻合，认为人类的认知过程是多模态的，依赖于多种感官输入和输出。通过增加感官输入，元宇宙能更好地模拟现实世界的体验，提高沉浸感。

3）实时互动与反馈

基于先进的数据处理技术和低延迟的通信技术，元宇宙能为用户提供即时的反馈和互动。这与人机交互领域中的即时反馈原则一致，要求系统能立即响应用户的操作，增强用户的控制感和满足感。在元宇宙中，用户能实时与其他用户或虚拟环境互动，这种体验比传统社交平台更直观和高效。

3. 未来展望与挑战

虽然元宇宙为社交带来了革命性的变化，但其仍然面临伦理、技术和社会等方面的挑战。

1）真实与虚假的界定

在高度自定义的虚拟世界中，真实与虚假的界定变得复杂。信息的真实性建立在可靠性和验证性的基础上，而元宇宙中信息的传播速度可能导致虚假信息蔓延。这引发了关于虚拟身份和行为是否受到现实法律约束的社会伦理讨论。

2）数据安全与隐私

在元宇宙中，用户的个人信息、情感状态和交互数据会被大量记录和分析。这涉及数据安全和隐私问题，需要建立完善的数据保护机制和隐私政策，同时提升用户的数字素养，认识到虚拟行为对隐私可能产生影响。

3)技术进步与人性反思

随着元宇宙技术的不断进步,我们需要进行技术伦理思考和人性反思,确保技术的发展不侵蚀人的本性和价值。这涉及科技哲学的问题,例如,技术是否应该无限制地发展,技术进步是否真的能带来人类社会的进步。

综上,元宇宙不仅是一个技术概念,它涉及人性、社会和文化的多个层面。只有全面、深入地理解这个概念,我们才能更好地探索和建构这个虚拟的宇宙。

5.3.3 情感连接在元宇宙中的重构与机制探讨

深入研究元宇宙的核心,超越其技术外衣的华丽,我们发现其真正的力量并不完全依赖于技术的革新。更为深刻的是,元宇宙在为用户提供真实而深度情感体验平台方面发挥了关键作用。事实上,技术和情感之间存在一种微妙的相互作用。

1. 人工智能与情感模拟

研究表明,先进的元宇宙平台采用了前沿的人工智能技术来高度模拟真实人际关系。这不仅是对人类行为的简单模仿,更是基于以下深度机制。

1)深度学习与行为模式识别

深度学习技术通过对大量用户行为数据进行理解和学习,能预测用户的情感状态和需求,为用户提供更为深刻和丰富的互动体验。这种方法基于机器学习领域的核心思想——模式识别,依赖复杂的算法模型,如卷积神经网络(CNN)和循环神经网络(RNN)。相关研究表明,深度学习模型在用户行为数据上达到了令人瞩目的准确度,为情感模拟提供强大的技术支持。

2）自然语言处理与情感分析

人工智能借助自然语言处理（NLP）技术分析用户语言，感知其情感状态，并依此进行情感互动。情感分析作为 NLP 领域的重要方向，近年来随着深度学习技术的发展，如 BERT、GPT 等预训练语言模型在大规模文本数据上的学习，成功捕捉到微妙的语言和情感变化，为 AI 与用户之间的情感交互提供了强大的技术基础。

3）情境化的互动设计

通过分析用户的历史数据和行为模式，人工智能能创造情境化的互动场景，使用户与虚拟角色建立深刻的情感联系。这一设计理念与人机交互（HCI）领域中的情境化设计理念相契合，强调在特定情境中考虑用户需求和行为，提供更为贴切和有效的互动体验。例如，AI 通过分析用户的历史聊天记录和互动数据，推断出用户兴趣和情感状态，在合适的时刻提供恰当的互动和反馈，增强用户的沉浸感和满意度。

2. 共同体验与群体情感建构

元宇宙不仅是单个用户与虚拟角色的互动，更重要的是为众多用户提供一个共同的、情感化的体验空间。

1）任务与目标导向的设计

通过设计各种任务和目标，元宇宙促使用户之间合作，加深他们之间的情感联系。这种设计理念与心理学中的"共同目标理论"相吻合，认为共同的目标和任务可以促进群体成员之间的团结和协作，增强群体凝聚力和情感连接。研究表明，共同目标的设定能有效提升群体成员的满意度和参与度，有助于构建积极和支持性的社群环境。

2）共同的冒险与挑战

在元宇宙中，用户可以与他人共同经历各种冒险和挑战，这些共同的经历成为他们之间情感纽带的基石。这个现象可以从心理学的"共苦效应"中找到解释，该效应指出共同经历困境和挑战的个体之间往往能建立更为牢固的情感联系。例如，在多人在线游戏中，玩家们共同面对难关和挑战，这些共同的体验增强了他们之间的团队精神和情感纽带。

3）社交网络与情感共鸣

元宇宙提供了一个虚拟的社交网络，用户可以在这个网络中分享自己的体验和情感，与他人建立深层次的情感共鸣。这一现象与社会心理学中的"情感共鸣"理论相符，该理论认为情感状态可以在个体之间传播，影响群体的情感氛围。通过元宇宙中的社交网络，用户的情感状态和体验得以传播和共享，促进了群体情感的形成和强化。

3. 情感的复杂性与元宇宙的挑战

虽然元宇宙为用户提供了丰富的情感体验，但同时也带来一系列挑战。

1）真实与虚拟的界限模糊

在高度虚拟化的世界中，确保用户能明确界定真实和虚拟的界限，以及如何妥善处理真实世界与虚拟世界之间的情感冲突，成为一个严峻的问题。这涉及认知科学中的"感知现实理论"，探讨了人们如何区分和处理他们的感知与外部现实之间的差异。在元宇宙环境中，用户可能会因为虚拟体验的强烈沉浸感而难以区分虚拟与现实，这可能导致认知混淆和情感混乱。研究表明，长时间的虚拟体验可能影响个体的情感判断和社交能力，因此需要在设计元宇宙平台时考虑这些潜在的心理影响。

2）情感的伦理与安全

当 AI 介入情感建构和互动时，确保其不滥用用户的情感数据并保护用户的情感安全，成为一个关键问题。这涉及信息伦理学和情感伦理学的重要议题，即如何在保护个体隐私和情感安全的同时，利用 AI 技术提升用户体验。此外，AI模拟情感的准确性和真实性也是一个值得关注的问题，因为情感的复杂性和主观性使得完全模拟真实情感成为一项极具挑战性的任务。研究指出，不准确或过度模拟的情感反应可能导致用户的不信任和不适，因此需要在设计AI情感模拟算法时投入大量精力，确保其能贴近人类的真实情感反应。

3）情感的深度与广度

确保元宇宙中的情感体验既有广度，又有深度，满足不同用户的需求，是未来的一个挑战。情感的广度指的是情感体验的多样性，即用户在元宇宙中能体验到各种不同类型的情感状态。情感的深度则指的是情感体验的丰富性和真实性，即用户的情感体验是否深刻且贴近真实情感。这需要元宇宙平台不仅能提供多样化的情感体验场景，还需要有能力模拟复杂且真实的情感反应。这对AI技术提出了极高的要求，需要结合认知心理学、情感科学等多个学科的研究成果，不断优化和提升情感模拟的准确性和真实性。

综上所述，元宇宙中的情感连接涉及技术、伦理和社会等多个层面的综合考虑。真正的成功并非只在于技术的先进，更在于如何为用户提供一个真实、深度的情感体验。元宇宙中的跨模态交互不仅是技术上的挑战，更是对人与虚拟世界、人与人之间关系的再定义。只有确保用户在元宇宙中得到真实、深入的交互体验，才能确保这个虚拟世界长久繁荣。

第 6 章

元宇宙哲学
——现实的新认识论

06

6.1 真实与虚构的新界限：探索虚拟现实背后的哲学与伦理

随着元宇宙这一概念在数字时代的兴起，真实与虚构的界定逐渐成为现代哲学、技术和社会的关键议题。从古代哲学家到现代科技工作者，对"真实"的探索从未停歇。在这样的背景下，元宇宙提供了一个新的视角，挑战并扩展了我们对真实和虚构的理解。

6.1.1 哲学视角下的真实与虚构：从古典至后现代的认知演进

在思考真实与虚构的问题时，我们不仅是在讨论外在世界的性质，更是在深度探究人类如何认知、解读和建构这个世界。西方哲学的发展轨迹为我们提供了深入研究这一议题的珍贵视角。

1. 古典哲学：真实的追寻与界定

1）柏拉图的"洞穴寓言"

柏拉图在其著作《理想国》中提出了"洞穴寓言"，通过这一经典比喻揭示了人类对真实知识的追求和认识过程。囚徒最初只能看到墙上的影子，将其误认为真实的世界；当其中一个囚徒被释放，看到了洞穴外的真实世界后，他顿悟自己之前的认识是错误的。这个过程反映了人类从感知的误区到理性认识的升华，也突显了认识论中的一个核心问题——真实知识的获取。

2）笛卡尔的认知哲学

笛卡尔的"我思故我在"不仅是对自我的确认，更是一种哲学方法论的表达。笛卡尔主张通过怀疑一切来寻求确定无疑的真理，他认为个体的主观经验是认识世界的起点,个体的思考活动是确立存在和真实的基础。这一观点为后来的现象学和存在主义等哲学流派提供了理论基础,对现代心理学和认知科学也有深远的影响。

3)古典哲学的综合视角

古典哲学家试图通过理性和逻辑探求真实,他们认为真实是固定不变的,可以通过理智努力获取。这种对真实的追求和对虚构、幻觉的排斥一定程度上与现代科学和技术的发展形成对照,尤其是在元宇宙这样的虚拟世界中,人们对真实的界定变得更加复杂和多元。

2. 现代哲学:真实的多样性与主观性

1)康德的"物自体"与"现象"

康德在《纯粹理性批判》中提出了"物自体"与"现象"的区分。他认为我们所能认知和感知的世界是"现象",是外部事物经过我们的感官和理性处理后的结果。而"物自体",即事物本身的真实状态,是无法直接被我们认识的。这一哲学观点深刻揭示了真实的复杂性和主观性,强调了认识主体在认知过程中的作用。

2)黑格尔的辩证法

真实被看作一个不断发展、变化的过程,与其对立面——虚构,构成了一个辩证的统一体。黑格尔认为真实是通过对立面的冲突和解决达到更高层次的真实。在这个过程中,真实和虚构不再是绝对对立的,而是共同构成了一个动态发展的整体。这种观点对现代社会学、政治学等领域有重要影响,也为我们理解和应对数字时代真实与虚构的关系提供了新的视角。

3)尼采与"真实的虚构性"

尼采挑战了传统的真实概念,认为真实本身也是一种解释,是语言和权力的建构。他在《查拉图斯特拉如是说》等作品中对传统真实观念进行了深刻批判，主张"真实的虚构性"。这一观点挑战了我们对真实的固有认识，为后来的后现代哲学和文化研究提供了理论基础。

3. 后现代主义：真实的解构与重建

1）福柯的"知识与权力"

福柯广泛探讨了知识、权力和真实之间的复杂关系。他认为真实并非客观存在的、独立于人类活动的事物，而是在特定的社会、历史和文化背景下，通过权力关系和话语实践所建构出来的。福柯通过对监狱、医学等社会领域的深刻分析，揭示了真实如何被建构和维持，以及如何通过批判性的思考解构既有的真实观念。这一观点对社会学、文化研究和媒体研究产生了深远的影响，也为理解数字金融等新兴领域中的真实问题提供了新的理论视角。

2）德里达的解构主义

德里达是解构主义的创始人之一，对西方哲学传统中的真实观念进行了深刻的批判。他认为真实不是一种固有的属性，而是一个不断被建构、解构和重建的过程。通过对语言、文本和话语的深入分析，德里达展示了如何解构既有的真实观念，并探索更加开放、多元的真实构建方式。德里达的解构主义对文学理论、法学、政治哲学等领域产生了巨大影响，也为理解数字时代的真实问题提供了重要的理论工具。

3）巴乌德里亚与"超现实"

巴乌德里亚在其著作中探讨了媒体和消费社会对真实的影响。他认为在当代社会，真实与虚构的界限变得越来越模糊，我们生活在一个"超现实"的时代，真实被复制、模拟，与虚构交织在一起。巴乌德里亚的这一观点对媒体研究、文化研究和艺术理论产生了重要影响，也为理解数字金融等领域中的真实问题提供了独特的视角。

总体而言，真实与虚构在西方哲学的探讨中经历了从固定到相对，从外在到内在,从绝对到相对的深刻转变。这不仅是哲学思想的进化,也反映了社会、文化和技术背景下人类对真实的不断重新认知。在当下高度数字化和虚拟化的时代背景下,对真实与虚构的哲学思考更显紧迫和重要。

6.1.2 数字化背景下的真实:重塑、解读与挑战

随着数字技术的快速发展,我们正经历着对"真实"认知和理解的历史性变革。在这个高度数字化的时代,传统的"真实"已经不再是固定和单一的概念,而演变为一个多层次、多维度和多解释的现象。为深入探讨这一议题,我们从技术演进、信息传播和人的主观经验 3 个维度进行考察。

1. 技术演进与"真实"的重塑

1) VR 与 AR

VR 和 AR 技术的迅猛发展正在极大地模糊数字世界与物理世界之间的界限。这种技术带来的模糊性不仅体现在技术层面,更深层次地影响我们对"真实"定义的方式。在虚拟环境中体验到与现实相仿甚至更加丰富的情感和互动,传统意义上对"真实"的认知受到了挑战。研究显示,虚拟环境中的体验在大脑中引起与现实相似的神经活动,这对于哲学上对"真实"的讨论提出了新问题。例如,虚拟体验是否应被视为一种新的"真实"?

2) 深度学习与生成对抗网络

深度学习技术的进步,尤其是生成对抗网络(GANs)的发展,使计算机能创造出几乎无法与真实内容区分的逼真图像、声音和视频。这引发了对"真实"的定义的新挑战,不仅使内容消费者感到困扰,也带来了法律和伦理层面的问题。在这种情况下,我们需要重新思考"真实"

是如何被定义的？技术能创造出高质量的"虚假"内容，我们如何保护公众免受欺骗？这同时也引发了关于知识产权、隐私和安全的重要问题。

3）物联网与实时数据流

物联网（IoT）技术的发展使得大量传感器采集和传输数据，构建了一个充满实时数据流的数字世界。这些海量数据提供了一种新的感知"真实"的方式，但也带来有关数据真实性和完整性的问题。在数据处理和传播过程中，确保真实数据不被篡改、区分原始数据和经过处理的数据，对于确保物联网技术的可靠和安全应用至关重要。这同时也对数据科学家、工程师和政策制定者提出了新的要求。

2. 信息传播与"真实"的挑战

1）数字信息的爆炸性增长

我们正身处信息时代，每天涌入海量数据和信息。这种信息的急剧增长引发了有关信息真实性的深刻问题。在庞大信息中区分真伪成为一个巨大挑战。研究表明，信息过载可能导致认知过载，使人们更难判断信息的真实性。信息的传播方式和速度也影响其真实性，例如，虚假信息往往以更具传播力的方式存在，其传播速度和范围可能超过真实信息。

2）社交媒体与信息筛选

社交媒体的兴起让每个人都有可能成为信息的生产者和传播者，这种去中心化的信息生产和传播方式加大了虚假信息的传播风险。网络社群形成信息茧房，人们容易受到确认偏误的影响，更倾向于接收和传播与自己观点一致的信息。社交媒体上的算法推荐系统也可能加强这种效应，导致信息的极化和分化。研究表明，这种算法驱动的信息传播方式可能对民主政治和社会稳定构成威胁。

3）算法的偏见与决策

越来越多的决策过程引入了算法和人工智能技术。然而，算法是否客观公正仍然是一个开放问题。算法的设计和训练可能引入人的偏见，导致算法决策不公正和不准确。例如，面部识别技术在对不同肤色和性别的识别上存在偏差。这种算法的偏见不仅损害了个体的权益，也对社会的公平和正义构成了挑战。如何确保算法透明、公正、可解释，以确保其决策真实可靠，是一个亟待解决的问题。

3. 人的主观经验与"真实"的解读

1）个体的认知与体验

在数字化环境中，个体对真实的认知和体验变得极其独特和主观。这种主观性追溯到庄子的"各自的真实"，强调每个人对世界的认识基于其独特的生活经历和认知结构。数字时代中，由于每个人接触到的信息和经验都是不同的，真实变得更加复杂和多元。认知心理学中的"构建主义"理论也强调了这一点，认为知识和真实是由个体主动构建的，而非被动接收。

2）集体记忆与文化建构

集体记忆和文化背景深刻影响着个体和群体对真实的解读。在数字环境下，集体记忆和文化建构的形成更加复杂，因为网络空间中的信息流动极快，各种观点和信息迅速交织在一起，形成了复杂的文化和记忆网络。当集体的认知发生变化时，对真实的定义和认识也可能随之改变。

3）道德、伦理与真实的价值

在数字化的背景下，真实不仅是认知问题，更是一个价值问题。数字伦理学成为一个新兴研究领域，关注在数字环境中如何界定和维护真实、诚实和透明的价值。随着人工智能和机器学习技术的发展，算法的透明度和公正性成为重要的伦理问题。确保算法不仅提供准确的信息，而且尊重个体权利和社会公平正义，是一个亟待解决的问题。

综上所述，数字时代的"真实"已超越传统的定义，更像一个流动、变化和重构的过程。我们需要重新审视"真实"的内涵，并面对由此带来的一系列认知、伦理和社会挑战。这要求我们跨学科、跨领域合作，以寻找更深入、全面的解答。

6.1.3 元宇宙与真实性的哲学再探：穿越数字与物理之间的边界

元宇宙作为科技与文化的交汇点，为我们对"真实性"的思考注入了新的活力。在这个广阔的数字维度中，我们不仅面临着对真实与虚构界定的挑战，更重要的是，我们需要对真实性的认知和价值进行深入反思。

1. 元宇宙中的认知体验与物理世界的对照

1）感知的真实性

在元宇宙中，借助先进的计算机图形学、VR 和 AR 技术，我们能创造出高度逼真的虚拟环境。这种逼真性挑战了我们对感知真实性的传统理解，因为模拟环境的精细程度使大脑以与物理世界相似的方式处理信息，导致几乎无法区分虚拟和真实的视觉、听觉和触觉体验。

2）情感的真实性

在元宇宙中的情感体验与物理世界相差无几，引发了对情感体验本质的重新思考。无论是与真实人类还是 AI 驱动的角色互动，都能激发出强烈的情感反应，挑战了我们对真实感的传统定义，促使心理学和认知科学领域对这一现象进行了深入研究。

3）行为与决策的真实性

在元宇宙中，用户的行为模式、决策过程以及由此产生的后果与物理世界中的逻辑紧密相连。尽管环境是虚拟的，行为经济学和决策理论同样适用，揭示了在虚拟环境中所做的决策，反映了用户在现实生活中的价值观和偏好。

2. 虚构的本质与真实的边界

1）构建性的真实

元宇宙呈现的"现实"基于用户集体和个体的认知、文化背景和经验构建。社会构建主义理论认为现实是通过社会过程、语言和文化共识建构而来,将这一理论引入元宇宙的讨论,深入理解在这个数字空间中如何构建和感知真实。

2）主观性与共同体的建构

在元宇宙中,真实不仅是单个个体的主观体验,更是一个社群或共同体的集体建构。这种主观性与集体性的互动创造了新的社会现象,为真实与虚构的界定提供了新的视角,与符号互动主义理论相呼应。

3）数字与物理的连续性

元宇宙与物理世界之间存在连续的、互相渗透的边界。我们的意识流在这两个世界之间流动,形成了对真实的连续体验。这种连续体验使真实与虚构的对立变得模糊,需要新的概念和理论描述和理解这种复杂的现象,如虚拟世界与现实世界交互的概念和理论。

3. 真实性的认知挑战与再思考

1）认知的扩展与重构

元宇宙为我们提供了一个扩展的认知空间,使我们有机会从不同的角度重新审视、重构和扩展我们对真实的认知和价值判断。认知科学的理论,如扩展心智理论,可以帮助深入分析在虚拟世界的交互中心活动的扩展,拓宽我们对真实性的理解。

2）道德与伦理的挑战

真实与虚构的界限模糊,我们的道德和伦理判断面临前所未有的挑战。虚拟伦理学的理论可以探讨在虚拟环境中行为和决策的道德和伦理标准。问题包括虚拟环境中的行为是否应当受到与现实世界相同的道德和伦理约束，以及虚拟世界中的行为对现实世界的道德和伦理价值观的影响。

3）真实与虚构的哲学再探

元宇宙的出现提醒我们，真实与虚构是一个不断发展、变化和重构的过程。跨越传统的哲学框架，引入后现代哲学、存在主义等理论体系，进行更加深入、全面的思考和探讨，从而在这个新的认知空间中找到更符合时代发展的真实性定义和标准。

总体而言，元宇宙为我们打开了一扇通往数字与物理世界交汇处的大门，挑战了我们对真实的传统理解。在这个探索的过程中，我们需要不断反思、重构，以更加开放、先进的思维方式理解和定义真实性。这一旅程不仅涉及技术和科学，更是一场哲学的再探索，引领我们超越传统，迎接一个新的、更为复杂的真实性时代。

6.2 意识与存在的数字化：评估虚拟存在对个体意识的影响

在历史的长河中，关于"我是谁"和"我存在的意义"这类问题一直是哲学家关注的焦点。随着数字技术的发展，特别是元宇宙的兴起，关于"存在"的定义和意义也开始发生深刻的变化。

6.2.1 古典哲学视野下的存在论：从自我到宇宙的宏大反思

古典哲学中对存在的深入思考一直是历史哲学思想的核心议题。这一哲学领域的探索涵盖了人的内在自我和意识，以及对宇宙、自然、人在其中地位的深刻反思。为深入研究这一议题，本节将从个体的存在、存在的辩证性，以及存在的宇宙意义3个维度进行系统而深刻的考察。

1. 个体的存在：从思考到真实性

1）笛卡尔的认知主义立场

笛卡尔的"我思故我在"（Cogito，ergo sum）是西方哲学历史上的经典命题。其认知主义立场通过对一切可被怀疑的事物的怀疑，最终确立了思考作为认识存在的基石。笛卡尔的认知主义不仅凸显了思考与存在的关联性，更着重将个体主观认知作为确立存在的基础。这一立场深刻影响了认知科学、哲学心灵和人工智能领域，引发了有关意识、自我和机器是否能拥有意识的广泛讨论。

2）孔子的"仁"的哲学

在东方哲学中，孔子的思想占据重要地位。他提倡的"仁"哲学强调了个体存在的社会和道德维度。孔子认为，个体的存在与其在社会与人际关系中的道德行为密不可分。通过实践"仁"，个体不仅能在社会中找到自己的位置，还能找到自我存在的价值与意义。这一观点为我们理解个体存在的社会和文化维度提供了丰富的视角，并在儒家思想和东亚文化中产生了深远的影响。

3）萨特的存在主义探讨

萨特是20世纪存在主义哲学的代表人物之一，他提出了"存在先于本质"（existence precedes essence）的观点，强调个体自由意志的重要性。在萨特看来，每个个体首先存在于世界中，然后通过自己的选择和行动赋予生命以意义。这一观点强调了个体自主性和责任感，对我们理解个体在数字金融和虚拟环境中的行为和决策产生了重要启示。它提示我们，即使在高度数字化和虚拟化的环境中，个体的选择和行动仍然是构建真实性和存在意义的关键。

2. 存在的辩证性：从对立到统一

1）黑格尔的辩证法

黑格尔的辩证法是一种复杂而深刻的哲学思考方法，强调存在的辩证性和动态性。他认为存在不是静态的状态，而是一个不断发展、变化的过程。通过对立的矛盾和冲突的解决与超越，个体达到更高层次的统一和发展。这种思考方式对于理解数字金融中的复杂现象和动态变化具有重要的理论价值，尤其是在处理市场的不确定性、风险管理和创新策略方面。黑格尔的辩证法已在经济学、管理学和信息技术等领域得到应用，成为分析和解决复杂问题的有效工具。

2）庄子的"道"哲学

庄子是中国道家哲学的代表人物之一，他的"道"哲学强调存在的动态性和相对性。在庄子看来，存在是一个动态的、与"道"相互作用的状态，超越固定的形式和定义，强调流动、变化和无常。庄子的哲学思考为我们提供了一种独特的视角，帮助我们理解和应对数字金融环境中的不确定性和复杂性。通过探索"道"的本质和作用，我们能更好地把握存在的辩证性和动态性，为创新和决策提供新的启示。

3）亚里士多德的"实质与形式"

亚里士多德是古希腊哲学的重要人物，他的"实质与形式"的哲学观点对西方哲学传统产生了深远的影响。亚里士多德认为，每一事物的存在都由其内在的实质和外在的形式共同决定，这种双重性使得存在既有其客观的基础，又有其主观的表现。这一观点为我们理解和评价数字金融中的金融产品、市场行为和用户体验提供了一个复杂而全面的分析框架。通过深入探究实质与形式的相互作用，我们能更好地理解存在的多维性和辩证性，为数字金融的发展和创新提供理论支持。

3. 存在的宇宙意义：从微观到宏观

1）柏拉图的"理念世界"

柏拉图是古希腊哲学的巨擘，他提出了"理念世界"的哲学观点，认为真实的存在并不是我们通过感官直接体验到的物质世界，而是存在于一个超越的、永恒不变的理念世界中。在这个理念世界里，真实以其纯粹、永恒的形式存在，而我们物质世界中的事物只是这些理念的暗淡映照。柏拉图的这一观点为我们理解数字金融中存在的深层次问题提供了启示。在数字金融的环境下，虚拟资产、数字货币和智能合约等新兴事物的存在，不仅是其表面的数字表示，更是背后经济关系和价值判断的体现。深入探讨这些事物背后的"理念"，能帮助我们更好地理解其存在的真实意义和价值。

2）老子的"无为而治"

老子是中国道家哲学的代表人物之一，他提出了"无为而治"的哲学观点，认为宇宙的存在并不依赖于人为的干预和行动，而是遵循一个天然的、和谐的"道"。在这个观点下，存在不是通过强制和控制实现的，而是通过顺应自然和宇宙规律实现的。这种哲学思考为我们处理数字金融中的复杂问题提供了新的视角。例如，在设计数字金融产品和服务时，我们可以借鉴"无为而治"的原则，追求简单、自然、高效的解决方案，让系统能顺应市场和用户的需求，实现自我优化和调节。

3）斯宾诺莎的泛神论

斯宾诺莎是17世纪的荷兰哲学家，他提出了泛神论的观点，认为整个宇宙是一个无限的、统一的实体，所有事物都是这个统一实体的表现。在这个视角下，存在不再是孤立的、分离的个体，而是宇宙统一体的一部分。这种观点为我们认识和处理数字金融中的关系网络和系统性问题提供了重要的理论支持。通过理解数字金融系统中各部分的相互关系和整体联系，我们能更加全面和深刻地把握系统的运行机制，为设计更加稳健和高效的数字金融系统提供指导。

总之，古典哲学对存在的深入探讨为我们提供了对存在深入探索的宝贵视角。在数字时代的今天，当我们再次面临真实与虚拟的界定时，古典哲学的这些深邃思考为我们提供了重要的启示。这种跨文化、跨时空的思考不仅帮助我们更好地理解个体存在、存在的辩证性以及存在的宇宙意义，同时也为数字金融领域提供了深刻的理论支持，助力其稳健发展与创新。

6.2.2 虚拟身份与"真实我"：数字化时代下的自我之探索

在数字化时代，个体的存在已经超越传统的物理空间，拓展到了数字领域。这种多元的存在形式为个体带来新的自我认知方式，同时也引发了一系列关于"我是谁"的深刻问题。在这一背景下，本节旨在深入探讨虚拟身份与"真实我"之间的复杂关系，涵盖虚拟身份的构建、自我探索与完善，以及与"真实我"之间的辩证关系。

1. 虚拟身份：自我认知的延伸与重构

1）数字投影

数字投影是指个体在元宇宙或社交媒体中构建的虚拟身份，这通常是对其在物理世界中经验、知识和价值观的一种延伸。借助 Erving Goffman 社会行动理论的"前台"和"后台"概念，个体能在数字空间中投射和扩展其自我认知。例如，一个艺术家在元宇宙中创建虚拟艺术馆，将其真实作品的风格和理念投射到数字空间中，这不仅再现了个人艺术风格，也是其个人身份的一种延伸。通过将这一理论应用于虚拟身份的构建，我们可以更深入地理解个体在数字空间中如何呈现和重构自我。

2）潜在自我的释放

虚拟空间提供了一个相对安全、无约束的环境，使个体能更自由地探索和表达自己。这种自我探索和表达的过程与 Carl Rogers 的人本主义心理学中的"自我实现"理念相呼应。在虚拟空间中，个体可以摆脱物理世界的限制和刻板印象，更自由地展现自己潜在的、未被认识的身份。例如，一个平时羞涩的个体可能在虚拟社交环境中表现得开朗活泼，这体现了虚拟空间释放潜在自我的能力，同时也说明了虚拟身份对个体自我认知的影响和重构作用。

3）自我的碎片化

数字空间的多样性和开放性使个体有可能在不同的平台和社群中展示不同的身份。这种自我的多元化和碎片化与 Michel Foucault 的后现代身份理论有关，他认为个体的身份是多元的、流动的，不断在不同的社会文化环境中被构建和重构。在数字金融的背景下，个体的虚拟身份碎片化可能导致信任和认证等问题，需要通过强化身份管理和验证机制来解决。同时，碎片化的虚拟身份也反映了个体在数字时代自我认知的复杂性，对理解数字社会中的个体行为和社交互动提供了新的视角。

2."真实我"与虚拟身份的辩证关系

1）相互反映

虚拟身份和"真实我"之间的关系可以用 George Herbert Mead 的自我理论深入探讨。他提出"我"代表个体的主观反应和行为，而"自我"则是社会对个体的期待和规范的内化。虚拟身份通常是"我"在数字空间的投射和表达，同时"真实我"也受到虚拟身份的反馈和社交互动的影响，进行某种程度的转变或调整。例如，在社交媒体上展示积极、成功的一面，虚拟身份的构建反过来也会影响对自己的认知和评价，促使在现实生活中更加努力和积极。

2）自我完善的过程

虚拟身份不仅是个体自我认知的延伸，也可以成为自我探索和完善的途径。Carl Rogers 的自我实现理论指出，个体有实现自己潜能和成为最好自己的内在动力。在虚拟空间中，个体可以尝试不同的身份和角色，这种体验有助于更好地认识自己，找到自我实现的路径。通过这种自我探索和实验，个体能更加深入地理解自己的需求和愿望，从而更好地完善"真实我"。

3）真实与虚拟的互动

虚拟身份和"真实我"之间的关系是复杂且多变的。在某些情况下，这两者之间可能存在冲突和矛盾，导致个体在心理和情感上的困扰。Erik Erikson 的心理社会发展理论强调了个体在不同生命阶段面临的身份危机和自我认知的挑战。在数字时代，虚拟身份的构建和管理成为这一身份危机的新颖领域，个体需要学会在真实和虚拟之间找到平衡，避免身份认知的混乱和冲突。另外，虚拟身份和"真实我"也可能相互补充，为个体提供更丰富多彩的生活体验和自我表达的机会。

3. 未来展望：自我的持续探索与超越

1）自我整合

随着虚拟技术的发展，预计将会出现更先进的工具和方法，这些工具和方法将帮助个体更好地整合真实和虚拟的身份。从认知科学和心理学的角度看，这需要对人类自我认知和身份认同进行深入研究。Bandura 的自我效能理论提到，个体对自己能成功完成特定任务的信念会影响他们的行为和情绪。在数字金融的背景下，这意味着提高用户对虚拟身份管理和数字交易安全性的信心，是实现自我整合的关键。此外，通过引入大数据和机器学习技术，我们可以更准确地分析用户行为，提供个性化的身份管理和安全建议，从而促进真实和虚拟身份的和谐整合。

2）跨界探索

在物理和数字世界之间，我们正处于探索新的、跨界存在方式的前沿。从哲学的角度看，Merleau-Ponty 的身体现象学提出，我们的存在和认识不仅局限于我们的身体，还包括我们与环境的互动。在数字金融领域，这意味着通过增强现实和虚拟现实技术，我们可以创造出一种新的、身体和数字相结合的用户体验，从而打破真实和虚拟身份的界限，为用户提供更加丰富和多元的服务。

3）自我超越

未来，随着人类对自身和宇宙的深入认识，我们对简单地构建和维护身份的追求可能将转向更加深层次的自我超越和宇宙意识的探索。从心灵哲学和宗教神秘主义的视角看，这涉及超越个体自我的经验，探索更广阔的存在和意识形态。在数字金融领域，这可能表现为追求更加公正、透明和包容的金融服务，以及探索如何通过技术连接不同文化和价值观的用户，从而促进全球意识的形成和提升。

综上所述，虚拟身份与"真实我"之间的关系是复杂而多变的。在数字化时代，我们需要持续地反思和探索这种关系，以更好地理解和完善自己，迎接未来的挑战和机遇。

6.2.3 元宇宙与多重存在的哲学探索

在元宇宙的涌现中，"存在"的概念经历了一场深刻的变革。这一数字时代的新领域不仅存在重新定义为数字与物质的交织，更深入到了意识、情感和抽象领域。本节将探讨数字存在的层面，并尝试将元宇宙中的存在与我们日常生活中的存在进行对比，提出一系列哲学上的新议题。

1. 数字的"存在"

1）技术与存在

从计算机科学和信息技术的角度看，元宇宙的存在建立在复杂的算法和先进的架构之上。虚拟身体（avatar）的生成和存储依赖于机器学习、人工智能等技术的发展。云计算和分布式技术使得数字存在能够跨越平台和空间的限制，实现持久存在和实时同步。这种技术进步反映了计算机架构理论的演变，以及通过连接数据创建智能且互联的数字世界的理念。

2）社会与存在

从社会学和经济学的角度看，数字存在已经与现实世界紧密联系。企业和经济活动转移到元宇宙中，改变了商业模式和市场结构，同时对社会关系和文化认同产生了深远影响。网络社会理论指出，社会结构和活动越来越依赖于数字网络和信息流通。元宇宙的兴起将数字存在和物理存在结合，形成了一个复杂的社会网络。

3）心理与存在

从心理学和哲学的角度看，数字存在对个体的自我认知提出了新的挑战。在元宇宙中，人们创造了与现实生活完全不同的虚拟身份，引发了关于"我是谁"的深刻思考。虚拟身份的多元性和复杂性挑战了自我概念理论，同时也推动了关于自我认知基础和可能性的哲学探讨。

2. 情感与意识的探讨

1）情感表达

元宇宙为情感表达提供了新的平台，使个体能以不同于现实的方式体验和表达情感。虚拟环境中的情感交流在某种程度上是真实的，但也存在与现实中不同的挑战，如缺乏面对面交流的非言语线索可能导致信息传递不完整或误解。这需要借助心理学和认知科学的理论深入理解虚拟环境中的情感交流机制。

2）意识探讨

元宇宙为意识的探讨提供了新的视角和实验场域。个体可以在元宇宙中创造和体验不同于现实的意识状态，甚至尝试构建一种全新的、超越物质与数字的存在形式。这对我们理解意识产生和运作的机制提供了宝贵的线索。

3. 自我、他者与宇宙的重新定义

1）自我认知的重新定义

在元宇宙中，个体通过虚拟角色进行自我探索，表达多元身份。这挑战了心理学中的自我概念理论，同时也为研究人类自我、意识和认知过程提供了新的视角和工具。

2）他者认知的深化

元宇宙中的互动和社交让我们对他者有了更丰富的认识。个体可以与来自不同文化、背景和价值观的他者进行交流和互动，挑战了社会心理学中的群体动态和偏见理论，为构建一个更包容和多元的社会提供了可能。

3）宇宙认知的扩展

元宇宙提供了一个探索宇宙、生命和存在意义的新平台。哲学家和科学家可以借助这个平台，提出和验证关于宇宙起源、生命意义和存在本质的新理论，为人类对自身和宇宙的认知提供了新的可能。

总之，通过引入计算机科学、社会学、心理学和哲学的相关理论和研究，本节试图深入探讨元宇宙与多重存在的哲学问题。元宇宙不仅改变了我们对存在的理解，也为人类对自我、他者和宇宙关系的思考提供了全新的视角。在这个数字化时代，我们需要不断反思和探索，理解存在的真正意义和价值。

6.3 数字伦理与治理：建立虚拟环境中的伦理框架

在元宇宙的浩渺虚拟空间中，用户可以进行各种前所未有的互动和活动。但随之而来的是一系列尚未明确的伦理和责任问题。这些问题不仅涉及元宇宙中的行为，更有可能对现实世界带来深远的影响。

6.3.1 元宇宙与虚拟伦理：探索数字行为的深层影响

元宇宙的迅猛崛起引发了学术界对其中虚拟行为深层影响的广泛关注。本节从跨学科的角度，结合心理学、社会学、伦理学和认知科学等领域，深入探讨数字行为对现实世界和个体心理的共振、界限模糊与真实伤害，以及匿名性与网络行为 3 方面的影响。通过对顶尖学术文献的综合参考，我们旨在提供一个深刻而全面的视角，以引导学界对这一复杂课题进行更深入的研究。

1. 虚拟行为与现实世界的共振

1）心理学视角：数字行为的"麻木化"效应

虚拟环境中的行为对个体心理的"麻木化"效应至关重要。仿真理论和暴力媒体暴露理论的结合，通过引用经典实验心理学研究，探讨长时间沉浸在虚拟环境中对现实生活暴力敏感度的降低，以及其可能诱发攻击性行为的机制。同时，通过国际范围内的跨文化研究，强调这一现象在不同社会背景下的普遍性和多样性。

2）伦理观念的变迁：认知失调理论的应用

探讨虚拟行为，如数字盗窃，对用户价值观和道德观的影响。借助认知失调理论，着眼于个体在虚拟世界中进行不道德行为时，可能引发的心理不适和对现实生活价值观调整的机制。结合案例研究，凸显这一心理机制可能对社会产生的深远影响。

3）青少年群体的特殊影响：社会学习理论的解读

突出青少年作为心理、生理快速发展群体，他们对虚拟行为的模仿和接纳可能更为强烈。通过引入社会学习理论，阐释青少年在虚拟世界中接触不当行为可能对其长期发展产生的影响。借鉴全球范围内的研究，凸显对青少年的心理和社会影响的共性和差异。

2. 界限的模糊与真实伤害

1）心理学角度：虚拟体验与情感投射理论

从心理学的角度审视元宇宙中的虚拟体验与现实世界情感体验的复杂交互作用。心理投射理论的引入，解释个体如何将情感投射到虚拟角色或其他玩家身上，导致虚拟空间中的情感伤害在现实世界中转换为心理创伤。结合全球范围内的文化差异，加深对这一现象的理解。

2）社会学视角：社交规范的演化

强调元宇宙中的社交互动作为新型社会领域，其社交规范和行为模式正在不断演变。社会构建理论的应用，凸显社交规范和行为模式如何由社群共同构建，并如何反过来影响个体的行为和态度。通过比较国际上不同社群的研究，揭示社会规范的多样性和变迁。

3）情感释放与长期影响：社会学和心理学交汇

探究现实世界冲突和压力如何通过元宇宙找到新的释放方式。引入心理学和犯罪学的研究，突显个体在虚拟空间中表达难以在现实中释放的情感和态度的现象。强调这种情感释放短期内可能带来缓解，但从长远看，对个体心理健康和社交关系可能带来负面影响。

3. 匿名性与网络行为

1）社会认同理论：匿名条件下的行为

通过社会认同理论和去个体化理论，阐述在匿名条件下个体可能更强烈地认同其所在的群体,而失去个体责任感,导致更极端的网络行为。结合心理学的角度,探讨匿名性可能对个体产生的长期心理影响。

2)长期心理影响:心理学和犯罪学的交叉

通过认知失调理论和犯罪学的研究,深入分析匿名网络行为可能对个体心理健康的长期影响。突出虚拟环境中的不道德行为可能与现实世界的犯罪行为密切相关,提出有效的预防和干预策略。

总体而言,强调元宇宙的崛起带来的伦理风险,呼吁深入学术探讨和实证研究,以制定有效的干预和管理策略,在确保技术进步的同时守护人类精神的健康和尊严,为未来的研究提供了广阔的领域,以推动元宇宙伦理学的发展。

6.3.2 元宇宙中的决策与其双层影响:虚拟世界的哲学与心理机制

本节深入研究元宇宙对我们的决策模式和价值观念的塑造,并探讨每一次虚拟互动可能在数字维度引发的连锁反应。我们通过行为经济学、网络经济学、数字货币等多学科的理论和研究,深刻分析元宇宙对现实世界的双层影响。其中,我们特别关注了虚拟生态与现实回响、经济模型的重构与冲击,以及社交维度与人际交往的复杂性 3 方面。

1. 虚拟生态与现实回响

1)环境心理学的角度:虚拟资产的认同与情感投入

虚拟世界中的决策可能对虚拟生态产生深远影响。环境心理学的观点强调,用户对虚拟环境的感知和认同会直接影响其情感和行为。虚拟世界中的虚拟资产,如森林和资源,成为个体认同和情感投入的对象。当这些虚拟资产受到威胁或破坏时,用户可能在虚拟世界产生负面情绪,甚至将其转换为现实世界的行动,如发起抗议、进行报复等。

2）社会心理学的研究：虚拟关系与社会资本

社会心理学的研究指出，虚拟世界中的关系可能成为个体社交网络的重要组成部分，影响其社会资本和社交支持系统。虚拟世界中的关系网络与现实世界中的网络相互交织，形成一个复杂的社交生态系统。这种影响不仅限于虚拟世界，还可能扩散到现实生活中，影响个体在现实世界中的社交行为和心理状态。

3）数字伦理学的思考：虚拟空间的生态与伦理

在数字伦理学的层面，虚拟生态的破坏引发了一系列伦理问题，包括虚拟空间中资源和权力的分配问题，以及虚拟空间与现实世界关系的哲学探讨。为了平衡保护虚拟生态和促进数字创新之间的关系，需要制定科学的政策和规范，推动元宇宙健康可持续发展。

2. 经济模型的重构与冲击

1）行为经济学的视角：心理因素在虚拟经济中的作用

从行为经济学的角度看，虚拟世界中的商业决策受到心理因素的影响，如认知偏差和情感反应。虚拟经济的发展受到心理和社会因素的影响，而不完全基于理性的经济模型。网络经济学提供了分析虚拟空间商业决策的框架，强调了网络效应和平台经济在虚拟经济中的关键性。随着用户和资本涌入元宇宙，网络效应的加速放大可能导致虚拟经济的快速增长和市场格局的重塑。

2）区块链与数字货币的崛起：对现实世界经济的影响

元宇宙的发展与数字货币和区块链技术密切相关，对现实世界的货币政策和金融体系产生了深远的影响。大量资金流入元宇宙可能导致货币供应量变化，进而影响全球的资本流动和经济增长。一些虚拟世界平台已经开始尝试基于区块链技术构建去中心化的经济体系，用户可以在这些平台上购买、交易虚拟土地和物品。这些商业行为不仅改变了虚拟经济的格局，还对现实世界的经济模型产生了影响。

3. 社交维度与人际交往的复杂性

1）社会心理学的分析：虚拟世界中的社交行为

社会心理学的研究指出，虚拟世界中的社交行为受到认知、情感和社会环境的共同作用。虚拟友情或恋情在某些方面更容易建立和维护，但在另一些方面可能更容易受到误解和冲突的影响。虚拟世界中的社交决策和行为，尤其是那些涉及深层次情感和关系的决策，可能在心理层面产生重要影响，包括对个体的自尊、幸福感和社会归属感的影响。

2）社交网络理论的应用：虚拟关系与社交支持系统

从社交网络理论的角度看，元宇宙中的虚拟关系可能成为个体社交网络的重要组成部分，影响其社会资本和社交支持系统。虚拟世界中的关系网络可能与现实世界中的网络相互交织，形成一个复杂的社交生态系统。为了更好地理解元宇宙中的社交维度和人际交往的复杂性，我们需要综合运用心理学、社会学、人工智能等多个学科的理论和方法，进行深入的跨学科研究。

总而言之，在元宇宙中的决策与其双层影响，深刻展示了虚拟世界对现实世界的深远影响。我们需要以跨学科的视角，深入研究虚拟空间的心理机制、经济模型和社交维度，以制定科学的政策和规范，确保元宇宙健康可持续发展。

6.3.3　元宇宙与深层次的伦理框架建构：探索新纪元的数字道德

元宇宙的崛起在技术进步的推动下塑造了一个数字化的并行宇宙，带来前所未有的伦理挑战。本节探讨在这一广阔领域中建立可行的伦理框架的重要性，重点关注伦理基准的制定与监管、数字道德的教育与普及，以及跨学科研究的指引与创新3方面。

1. 伦理基准的制定与监管

1）制定清晰的伦理基准

在虚拟世界中，行为后果的深远影响要求元宇宙的开发者和运营者制定清晰而全面的伦理基准。借助计算机伦理学，我们提出了从个体、社会和全球3个层面出发，制定和实施伦理准则的理论基础。

2）多层次监管机制

为确保伦理准则的执行，需要超越平台自身的管理，引入多方参与的协同合作模式。采用区块链技术作为透明、可信的监管平台，为伦理准则的制定、更新和执行提供公开、透明的环境。

2. 数字道德的教育与普及

1）强调数字道德意识和责任感

在元宇宙中，用户是活跃的参与者和决策者，因此培养用户的数字道德意识和责任感至关重要。数字道德教育不仅要传递知识，更要强调培养用户的伦理思考能力和道德判断力。

2）促进社交网络健康发展

良好的数字道德教育有助于减少不当行为的发生，同时促进社交网络健康发展。教育使用户认识到个体行为的社会影响，从而更负责任地使用社交网络，共同维护一个健康、和谐的网络环境。

3. 跨学科研究的指引与创新

1）技术、社会、心理和经济的跨学科合作

元宇宙是一个涉及多个领域的复杂系统，其发展对跨学科合作的需求极高。技术、社会、心理和经济等领域的专家需要协同合作，共同探索元宇宙的发展规律，为其提供坚实的理论基础和实践指导。

2）为元宇宙的可持续发展提供支持

跨学科研究通过集合不同领域的智慧和资源，能从更全面和深刻的角度审视元宇宙，为其可持续发展提供有力的支持。这需要各学科专家的共同努力，以及建立开放、协作的研究环境，鼓励跨领域的交流和合作。

总之，在元宇宙的发展中，伦理基准的制定与监管、数字道德的教育与普及，以及跨学科研究的指引与创新，是确保其健康发展的关键。只有通过深入研究和跨学科的合作，我们才能建立起适应这一新领域需求的伦理框架和教育体系，为元宇宙的发展提供持续的支持，确保其成为人类文明的有益工具。

第 7 章

元宇宙的挑战与未来

07

7.1 技术的极限与创新：评估后摩尔时代的挑战与机遇

随着人工智能和虚拟技术的发展，元宇宙这个一度被视为幻想的概念已经逐渐成为现实。然而，在追求高度沉浸式的虚拟体验中，我们也必须正视元宇宙发展中所面临的技术局限性。

7.1.1 硬件的挑战

元宇宙，这个新兴的数字领域，对硬件技术提出了日益增长的需求，也在很大程度上推动了未来技术的发展。经过对众多高水平学术研究的审视，我们发现从微观到宏观，硬件需求和挑战呈现出多层次的复杂性。不仅需要面对单一设备的技术瓶颈，还要考虑全球资源、能源和基础设施的整体挑战。

1. 图形渲染与存储技术的演进

构建元宇宙这一全新的虚拟领域，对图形处理的需求达到前所未有的高度，这不仅对传统图形处理器性能提出了更高的要求，也对存储技术提出了新的挑战。在图形渲染方面，现代计算机图形学理论已经取得显著进展，但在元宇宙这种大规模并行渲染环境中，现有技术显然不够。例如，光线追踪算法能产生真实感的光照效果，但其计算量庞大，对图形处理器性能要求极高。近年来，研究者提出了优化算法和硬件加速技术，如基于深度学习的神经渲染技术和专为光线追踪设计的 RTX 显卡，这些技术显著提高了图形渲染效率和真实感。

从存储技术角度看，元宇宙的大规模并行处理对即时数据传输和处理有极高要求，这需要存储系统具备更快的读写速度和更高的稳定性。

传统的硬盘驱动器（HDD）已无法满足需求，固态硬盘（SSD）和非易失性内存技术（如 3D XPoint）由于更快的速度和更高的稳定性而成为更好的选择。此外，存储级内存（SCM）技术的发展为提升存储性能提供了新的可能性，SCM 兼具内存和存储的特点，提供比传统存储更快的速度和持久性。量子计算和神经网络硬件的进步也为图形处理和数据存储提供了强大的支持，通过整合这些先进的硬件技术，我们有望在元宇宙中实现高度真实感和高效率的图形渲染和数据处理。

2. 全球化革命下的网络基础设施

为了实现元宇宙中高标准的真实感体验，对网络速度和稳定性的要求超过了现行标准，这给全球范围内的网络基础设施带来巨大的挑战。首先，我们迫切需要 5G、6G 等高速网络技术。这些网络技术不仅提供更高的数据传输速度，还支持更密集的网络连接，从而实现元宇宙中的实时互动。研究表明，6G 网络有望实现 100Gb/s 以上的速度，延迟低至 1ms，远远超过 5G 网络的性能。

其次，传统的集中式网络架构无法满足庞大用户群体的并发请求，这要求我们转向更分散但高度集成的网络架构。学术界已经提出边缘计算等新型网络架构，通过在网络边缘部署计算资源，使数据处理更接近数据源，从而减少数据传输时间，提高响应速度。这种架构不仅提高了网络效率，还增强了网络的稳定性和可靠性。

最后，为了满足数据即时传输的要求，我们需要深度整合多种传输技术。光纤网络成为数据中心连接的首选，但在一些偏远地区和海洋，卫星通信仍然是唯一可行的选择。低地球轨道卫星（LEO）网络的发展为全球提供高速互联网服务提供了新的可能性，诵讨将光纤网络、LEO 和其他传输技术结合起来，我们能够构建一个更加灵活、高效的全球网络基础设施，为元宇宙的发展提供强有力的支持。

3. 数据中心的可持续挑战

随着元宇宙用户数量剧增，数据中心作为其核心支撑，面临巨大的压力和挑战。首先，数据中心的能源消耗急剧上升，已成为一个亟待解决的经济和环境问题。全球数据中心的能耗占整个电力系统的比重已经超过 2%，并且这一比例还在不断增加。为了解决这一问题，学术界和工业界提出一系列节能策略和技术，如使用可再生能源、提高能源利用效率和采用先进的冷却技术等。

其次，散热问题日益严重，传统的空气冷却技术已经难以满足高密度、高功耗的数据中心的需求。近年来，液体冷却等创新散热技术得到广泛应用，通过液体直接带走服务器产生的热量，大大提高了散热效率。学者们还提出利用数据中心余热进行能源回收的理念，将其转换为供暖或其他用途，实现能源的二次利用。

最后，面对全球气候变化和能源危机，构建绿色、低碳的数据中心已经成为当务之急。这不仅需要采用更加节能高效的硬件设备和冷却技术，还需要从数据中心的设计和运营管理等方面进行全面的优化。通过优化数据中心的位置选择，利用寒冷地区的低温环境或者靠近可再生能源发电站的地理优势，可以大大减少数据中心的能耗和碳排放。

综合而言，元宇宙的发展深刻地影响着技术、经济和环境。面对这些挑战，我们需要在追求高性能的同时，重新思考硬件技术的进步路径，确保对地球和社会负责，推动可持续发展。这不仅需要科技创新，还需要政策引导和社会各界的共同努力。

7.1.2 软件与算法的困境

元宇宙的迅猛发展给软件与算法领域带来前所未有的挑战。这涉及海量用户的实时交互、高度真实的多物理场模拟，以及人工智能在元宇宙中的广泛应用等方面。为了应对这些挑战，我们需要采用创新性的软件架构和算法优化，充分发挥分布式系统、高性能计算、新型网络协议、物理引擎、声学模拟等领域的理论和技术优势。

1. 海量并发交互的核心困境

1) 分布式系统和弹性计算

针对数十亿用户实时交互的挑战，分布式系统的概念和方法将发挥关键作用。引入负载均衡、弹性计算和微服务架构等技术，通过多节点协同处理请求，提高系统的整体吞吐量和稳定性。

2) 网络协议和数据传输优化

优化网络协议和数据传输算法是确保实时互动的重要手段。采用如 QUIC 协议等高效传输协议，结合纠错编码技术，降低数据传输延迟，提升用户体验。

2. 多物理场的深度模拟

1) 高性能计算和物理引擎

复杂物理现象的计算需要借助高性能计算和先进的物理引擎。利用 GPU 加速、分布式计算等技术，处理光线跟踪、粒子系统模拟、流体动力学等复杂物理场景，提高计算效率。

2) 先进声学技术

实现高度真实的 3D 声音场景模拟需要运用波场合成和声音场录音等先进的声学技术。这将大幅提升用户的沉浸感和体验感，增加虚拟环境的真实感。

3) 实时物理碰撞检测与响应

采用高效的碰撞检测算法，如 BVH 等技术，确保元宇宙内行动一致性和逻辑性。通过优化算法，实现快速判断物体间是否发生碰撞，并进行相应的物理响应计算。

3. 人工智能的角色与挑战

1）数据挖掘与特征工程

处理海量用户数据需要运用数据挖掘、特征工程等技术，从高维度数据中提取有效信息。采用 PCA、t-SNE 等算法应对数据复杂性，避免信息过载。

2）计算效率与模型解释性的平衡

在实时响应的需求下，需要在模型的计算效率和准确度之间找到平衡点。通过模型剪枝、量化和知识蒸馏等技术，提高模型的计算效率。同时，关注模型的解释性和可靠性，确保算法的公正性，避免偏见和歧视。

3）伦理与法律的规范

随着 AI 在元宇宙中的广泛应用，必须关注伦理和法律层面的规范。研究模型的可解释性，提高其透明度，同时加强伦理和法规的建设，确保 AI 应用的公正性和合法性。

综合而言，软件与算法在元宇宙的发展中面临多重挑战，需要通过分布式系统、高性能计算、新型网络协议、物理引擎、声学模拟、AI 和 ML 等多领域的创新取得突破。跨学科的合作和不断的技术创新将为元宇宙的建设提供坚实的基础，实现数字未来的更大进步。

7.1.3 安全性与隐私

在元宇宙这个复杂而多维的虚拟空间中，数据安全和个人隐私问题凸显出尤为重要的挑战。为了确保用户在这个虚拟世界中的安全和隐私得到有效保护，我们需要从多个方面出发，采取综合性的措施。

1. 个人信息的强化保护

个人信息的广泛流通使得隐私泄露的风险变得更加严峻。为了解决这一问题，我们需要综合采用先进的加密技术，如同态加密和零知识证明，以保障数据在传输和存储过程中的安全性。此外，通过建立健全的法规体系，制定严格的数据保护法规，可以确保数据在合法、合规的前提下使用，从而保护用户的基本权益。

2. 行为数据的敏感性保护

用户在元宇宙中产生的行为数据同样是极具敏感性的隐私信息。平台需要建立完善的数据管理和保护机制，确保这些数据不受到未经授权的访问或滥用。提升用户对自身数据隐私的意识也至关重要，通过技术手段和教育宣传，使用户具备更多对自己数据的控制权。

3. 防范网络攻击

面对分布式拒绝服务（DDoS）攻击、中间人攻击等网络威胁，我们需要持续研发新的防护技术和策略，建立强大的网络安全防御体系。这有助于抵御网络攻击，保障元宇宙的系统稳定性和用户数据安全。

总之，通过技术创新和跨学科研究，我们有望解决元宇宙中的安全性与隐私问题。结合法规和政策的制定，我们能确保元宇宙的发展是健康、稳定和安全的，为用户提供真正沉浸式的体验，共同建设一个更加美好的数字未来。这不仅是技术的挑战，更是我们对用户权益的责任和对未来数字社会的担当。

7.2 全球化与文化冲突：从元宇宙视角看多元文化主义

随着技术的进步，元宇宙已经从一个科技幻想成为一个快速发展的现实。然而，与技术挑战一样，元宇宙也带来一系列社会文化上的问题和机会。

7.2.1 跨文化交互的深度挖掘

在数字科技与社会文化交织的时代，元宇宙构建了一个无与伦比的全球性交互平台，使得来自不同文化背景的人们能在虚拟空间中无缝对话。这一融合虽然带来文化摩擦和误解，但也揭示了多文化互动的潜力与价值。本节旨在从全球学术角度深度挖掘元宇宙中跨文化交互的挑战与机遇。

1. 冲突与误解的源泉

在元宇宙这一全球化、虚拟化的交互平台中，文化的交汇起到关键作用。然而，这也引发了显著的文化冲突和沟通误解。手势、表情和语言中的深层文化含义在元宇宙中表现得尤为突出。以颜色为例，红色在中国象征好运，而在一些西方国家可能与哀悼相关。语言的微妙差异也成为沟通的障碍。为了解决这些问题，我们需要运用跨文化沟通理论，如霍夫斯泰德的文化维度理论和霍尔的高低语境文化理论，以分析和理解不同文化之间的差异，从而开发精准的文化适应性算法和工具，减少误解和冲突。

2. 元宇宙的独特机遇

面对跨文化交互的复杂性，元宇宙展现了其创新能力和灵活性，提供了一系列解决方案。利用 VR 技术，元宇宙构建了高度真实和交互性强的环境，使用户能沉浸式地体验不同文化和传统。这种方法较传统教育更为深刻和直观。元宇宙内建的人工智能工具，如实时翻译和文化参考注释，努力克服语言和文化的障碍，促进跨文化交流。这些工具不仅促进了用户之间的沟通，而且为跨文化交流研究提供了新的视角和方法。

3. 深度探寻的未来方向

在元宇宙这一新兴虚拟环境中，跨文化融合的实现要求超越技术手段，广泛运用多学科知识。社会学的角度能深刻理解文化背后的社会结构和权力关系，人类学提供深入挖掘不同文化深层结构和内涵的方法，而心理学为我们提供了理解个体在跨文化交互中的认知、情感和行为反应的框架。通过综合运用这些学科的理论和方法，结合先进的技术手段，我们将能更全面深刻地理解和促进跨文化交互，为构建一个包容、和谐和充满活力的元宇宙文化生态做出贡献。

总之，在元宇宙的舞台上，跨文化交互既是挑战，也是机遇。通过综合运用学术理论和技术手段，我们有望解决文化摩擦，促进全球文化的融合。这不仅对提升个人的文化素养和促进社会的和谐发展具有重要意义，也为学术研究提供了丰富的实验材料和研究场景，有助于深入探讨跨文化交流的机制和效应。

7.2.2　元宇宙中的社会规范与行为

元宇宙作为一个数字时代的新领地，提供了一个相对自由的空间，但也带来新的社会规范和行为模式。本节将探讨在元宇宙中新规范的形成与传统礼仪的变革，虚拟身份、真实行为与道德伦理之间的关系，以及跨学科研究对构建元宇宙社会学的意义。

1. 新规范的形成与传统礼仪的变革

元宇宙的出现挑战了传统社交礼仪，因为它突破了实体空间的限制。在这个虚拟环境中，人们不再受限于传统的互动方式，而是通过数字化的方式进行沟通。这导致传统社交礼仪逐渐变革。同时，新的行为规范和社交礼仪也开始出现，包括如何共享虚拟资源、维护个人的数字形象，以及如何进行更有效的信息交换。为了准确理解这些变革，需要进行系统性的观察和分析，以探讨其背后的文化和社会原因。

2. 虚拟身份、真实行为与道德伦理

在元宇宙中，虚拟身份的建立和应用成为一个突出特点。虽然虚拟身份为个体提供了自由表达的空间，但也引发了关于真实行为和道德伦理的讨论。一方面，虚拟身份使用户可以更自由地表达自己；另一方面，虚拟身份也可能导致不负责任或不道德的行为。因此，需要建立健全的法律法规体系，对用户行为进行规范和监管，同时培养用户的道德责任感和法律意识，共同维护元宇宙的公共利益和社会和谐。

3. 跨学科研究：构建元宇宙的社会学

元宇宙的兴起标志着技术和社会的相互作用，需要跨学科的知识和方法的协同来深刻理解其中的社会动力学。心理学、社会学、哲学和伦理学等学科为我们提供了分析元宇宙中社会现象的重要工具和框架。通过这些研究，我们可以更好地理解元宇宙中的社会规范和行为模式的变迁，为构建一个符合人类发展需求的元宇宙社会做出贡献。

总而言之，元宇宙的出现带来了社会规范和行为模式的变革，同时也引发了关于真实行为和道德伦理的讨论。通过跨学科研究，我们可以深入理解元宇宙社会的特点和规律，为构建一个开放、和谐、有序的元宇宙社会提供理论和实践支持。

7.2.3 文化的保存与传承

元宇宙作为一个数字化的新空间，不仅是娱乐平台，还为文化遗产的保存和传承提供了新的可能性。本节将探讨元宇宙中虚拟博物馆和文化中心的作用，以及元宇宙对文化创新的促进作用。

1. 元宇宙与文化遗产：身临其境的历史体验

随着元宇宙技术的发展，历史文化遗产可以被数字化，并在虚拟空间中再现和体验。这种数字化转变不仅突破了地理和时间的限制，还为用户提供了全新的文化传播和体验方式。通过身临其境的体验，用户可以更加深刻和持久地理解与记忆历史知识和文化遗产。利用先进的数字建模技术，元宇宙可以精确地复原古代文明和历史事件的景象，同时结合增强现实和虚拟现实技术，为用户提供全方位的感官体验。此外，交互技术还允许用户与历史人物进行虚拟互动，从而增强学习和体验效果。

2. 元宇宙与当代创新：文化的交融与创新

元宇宙不仅是文化的存储库，也是创新的沃土。在这个开放的平台上，来自世界各地的创作者可以相互合作，共同创作出前所未有的作品。例如，跨文化合作能促进新文化形态的诞生，为艺术和音乐的创新提供无限可能。元宇宙为文化创作者提供了一个全新的交流和合作平台，促进了不同文化之间的交流和融合，从而推动了文化的持续创新和发展。

3. 未来的探索：文化的适应与转型

元宇宙作为一个不断演进的技术平台，为文化的持续创新和发展提供了无限可能。在元宇宙中，跨文化交流和创新不断加速，为构建一个更加开放、包容和创新的数字化时代奠定了基础。通过深入研究和理解元宇宙的潜在价值，我们可以进一步推动文化创新，为构建一个多元、包容、和谐的虚拟社区做出贡献。

总之，元宇宙为文化的保存与传承提供了全新的可能性，通过数字化技术和虚拟体验，用户可以身临其境地体验历史文化遗产。同时，元宇宙也为文化创新和交流提供了广阔的空间，促进了不同文化之间的交流和融合，推动了文化的持续创新和发展。未来，我们需要深入研究和理解元宇宙的潜在价值，以确保它成为一个多元、包容、和谐的虚拟社区。

7.3 数字政策与法规：推动知识产权与监管政策的发展

元宇宙，作为一个融合了数字与现实、技术与社会的综合体，带来诸多前所未有的经济与政策问题。从数字资产的价值识别,到知识产权的保障,再到政策的制定与执行,我们处于一个探索与变革的交界点。

7.3.1 数字资产与真实经济的关系

随着元宇宙的崛起,数字资产已经成为经济体系中不可忽视的组成部分。据彭博社报道,元宇宙内虚拟土地、虚拟艺术品等数字资产的交易额已达数十亿美元。数字资产在元宇宙中如何与真实经济相互作用成为经济学家和政策制定者关注的核心议题。然而,目前的讨论仅触及问题表面,实质上涉及货币理论、宏观经济政策和技术演进等多个领域。

1. 数字资产的价值体系与真实经济的链接

在元宇宙中,虚拟土地和虚拟艺术品等数字资产已经展现出实际的经济价值。然而,数字资产与真实经济的联系及其稳固价值体系的构建是一个多维度而复杂的问题,需要综合运用技术、社会学、经济学和法学等多个学科深入分析。

1)技术角度

数字资产的价值体系不仅取决于技术和算法,更建立在社会认知和需求之上。基于经济学的主体价值理论,数字资产的价值由用户个体所赋予。同时,网络效应理论指出,用户数量的增加会提升产品或服务的价值。因此,价值体系的建构需要综合考虑用户认知、需求和社区规模的扩大。

2)流动性问题

数字资产的流动性不仅涉及技术层面的交易处理,还与货币政策、税收政策和国际交易法等多领域关系密切。例如,抵押虚拟土地换取真实货币牵扯到金融稳定、法律合规和国际协调等复杂问题。因此,确立一套全面的法规体系,规范和指导数字资产与真实经济之间的互动,是确保过程安全和公平的必要条件。

3）伦理和社会问题

数字资产与真实经济的链接也带来一系列伦理和社会问题。例如，数字资产的匿名性和去中心化特性，虽然提供了更高的自由度，但也伴随着洗钱和逃税等潜在风险。在推动数字资产与真实经济融合的同时，必须重视并解决这些潜在的社会问题。

2. 真实经济与元宇宙的互动机制

对于真实经济与元宇宙之间的互动机制，我们需要从经济学、社会学和技术学的角度深入分析。元宇宙作为虚拟世界的交互平台，不仅提供数字资产的交易和增值空间，还与真实经济形成密切联系。

1）经济学角度

真实经济与元宇宙的互动可被视为双向反馈循环。企业在元宇宙中投入，如建立虚拟总部或展厅，不仅直接推动元宇宙经济活动，还通过品牌建设和产品宣传等方式正向影响真实经济。这种互动机制可通过网络外部性理论解释，即产品或服务的价值随使用人数增加而增加。

2）社会学角度

互动还体现在文化和价值观传递上。企业在元宇宙中展示文化价值和社会责任，不仅是经济行为，也是一种文化交流方式。通过在元宇宙中展示文化价值，企业可以与用户建立更紧密的情感联系，进一步提升品牌的影响力。

3）技术学角度

互动还表现在技术创新和资源配置的优化上。企业在元宇宙中的投入不仅促进了虚拟世界的技术发展，也推动了真实经济中相关技术的创新和应用，为企业提供了一个新的技术创新平台。

3. 政策制定的前景与挑战

元宇宙中的数字资产在某种程度上已经影响了真实世界的金融市场，对政策制定者来说，这是一个需要全面考虑技术、经济和政策等方面的双刃剑。

1）技术角度

元宇宙的发展依赖区块链、加密货币和智能合约等先进技术的支持。这为数字资产的创建、交易和保护提供了强有力的技术基础，同时也带来了新的挑战，如安全漏洞、欺诈行为和市场操纵等问题。因此，政策制定者需要与技术专家密切合作，制定相应的技术标准和安全规范，以确保元宇宙稳定和安全。

2）经济角度

元宇宙中，数字资产已形成一个庞大的经济体系，涉及投资、交易、贷款等多个方面。这为经济增长和创新提供了新的机会，但也带来金融稳定性、市场透明度和投资者保护等方面的挑战。政策制定者需要深入分析元宇宙经济的运行机制，制定相应的监管政策，以防范系统性金融风险，保护投资者和消费者的权益。

3）政策角度

元宇宙中数字资产跨越了传统的国界和监管边界，带来新的法律和监管挑战。制定政策时，政策制定者需在不抑制创新的前提下，制定出有效的政策来应对这些挑战。这可能需要国际协调合作，共同制定统一的标准和规则，以形成一个公平、透明和安全的元宇宙经济环境。

总体上，数字资产与真实经济的关系以及真实经济与元宇宙的互动机制是复杂而多维度的问题。通过跨学科的研究和深入的分析，我们有望构建一个兼顾数字资产优势，并确保其与真实经济健康稳定融合的价值体系，为数字经济时代的发展奠定坚实基础。同时，政策制定者需要紧密关注技术发展、经济运行和法规体系等方面，以制定出科学、合理和有效的政策，促进元宇宙健康发展，保障投资者和消费者的权益。

7.3.2 版权与知识产权的挑战

随着元宇宙的兴起，创作者在这个全新的数字空间中面临前所未有的知识产权问题。这包括跨国法律冲突、技术对知识产权的双重冲击，以及 AI 与原创性的边界。这些问题不仅考验传统的法律体系，也促使我们重新思考和调整知识产权的定义和保护机制。

1. 跨国法律冲突的复杂性

在元宇宙这个全球性虚拟空间中，跨国法律冲突变得尤为复杂。对于创作者而言，其作品可能受到来自不同国家的法律约束，引发了解决法律纠纷的关键问题。传统的国际法律框架，如《伯尔尼公约》，在元宇宙中的适用性受到挑战。解决这一问题需要考虑法律多元论和网络治理的理论，以建立一个多层次的法律体系，促使国际社会合作寻找解决方案。案例研究，如谷歌面临的"被遗忘权"问题，为我们提供了理解跨国法律冲突的实例，强调国际社会需要共同努力来解决这些复杂性问题。

2. 技术对知识产权的双重冲击

技术对知识产权的冲击在元宇宙中表现得尤为显著。数字内容的轻松复制和传播对传统的知识产权体系提出了挑战，但技术本身也提供了新的保护途径。引入区块链技术，通过为数字物品分配唯一身份并记录在不可篡改的区块链上，为创作者提供了更强大的知识产权保护工具。此外，通过研究数字化环境下的版权保护，我们了解到传统法律体系需要不断调整，以适应数字技术的发展。因此，技术不仅是挑战，也为知识产权的保护提供了新的可能性。

3. AI 与原创性的边界

AI 在艺术和创作中的应用引发了人们对原创性的深刻思考。区分 AI 生成的内容和人类创作者的原创性变得更加模糊，引发了复杂的法律和哲学问题。现行法律体系对于将 AI 视为创作者的认可度有限，而定义"原创性"在 AI 创作中也变得困难。这涉及对创造性的重新定义，以更好地适应由机器学习和大数据驱动的创作过程。在这一领域，我们需要跨学科的研究，深入思考如何调整知识产权法，以平衡技术发展和创作者权益。

面对这些挑战时，学术界、产业界和政府需要共同努力，以制定更灵活、适应性更强的法规和政策。这需要跨国合作，推动国际社会共同面对元宇宙中知识产权的复杂性。只有通过深度合作和不断创新，我们才能建立一个既能保护创作者权益，又能促进技术发展的知识产权体系。

7.3.3 政策制定与执行的困境

元宇宙的崛起给政府和监管机构带来前所未有的挑战，涉及如何平衡开放性与创新性、保护用户权益、解决数字隐私和虚拟社会问题，以及国际合作等多个层面。下面是关键问题的深入分析和可能的解决途径。

1. 权衡创新与监管

在元宇宙这个快速演进的领域，权衡创新与监管成为一项复杂而关键的任务。过度严格的监管可能抑制技术的发展，但放任自流也可能导致滥用和犯罪。解决之道在于，建立风险基础的监管机制，强调与技术社区的合作。政府需要灵活适应，及时更新法规，以确保监管机制不仅保护用户权益，还为技术创新提供空间。

2. 应对新型社会议题

元宇宙引发了一系列新型社会问题，包括数字隐私、虚拟骚扰和算法偏见。对于数字隐私，政府需要强化现有法规，同时探索区块链和加密技术等新手段来确保用户数据安全。在防止虚拟骚扰方面，完善相关法律法规和开发技术工具是必要的。此外，对于算法偏见，政府需要在算法设计和实施中加强监测和纠正，确保算法的公平性和透明性。

3. 跨国政策的协调与合作

元宇宙的全球性质要求各国政府实现跨国政策的协调与合作。通过国际组织和双边协议，建立一个协调一致的政策框架至关重要。国际私法的适用和元宇宙内部跨国交易的管辖权问题需要深入研究和调整。技术手段（如区块链和智能合约）可以为跨国政策的协调提供支持，确保政策的一致性和有效性。

总体而言，政府需要跨学科合作，结合国际关系、法学、计算机科学等多个领域的知识，制定全面深入的政策。通过国际合作和技术创新，我们有望解决元宇宙带来的复杂问题，推动其健康可持续的发展。在这一新经济和社会模式的探索中，合作是关键，以确保元宇宙的繁荣和发展，同时保护公众利益。

第 8 章

从元宇宙到现实
——技术的反馈与应用

8.1　元宇宙技术与现实生活：从虚拟到实体的跨界实践

随着技术的日益进步，元宇宙已经不再仅是科幻作品中的概念，而逐渐成为可能被实现的未来技术蓝图。近年来，我们已经看到元宇宙技术如何逐渐渗透到人们的日常生活中，从虚拟与实体的界面技术到真实世界的数据同步，再到跨界应用与创新，这一进程揭示了技术转化的广泛性和深入性，展现了其巨大的潜力和价值。

8.1.1　虚拟与物理的界面技术

1. AR 眼镜：现实与虚拟的无缝整合

虚拟现实技术的崛起带来人机界面的创新，其中 AR 眼镜作为一种集信息展示和媒介为一体的高级工具，正在引领我们重新定义与外部世界互动的方式。本节将从学术的角度审视 AR 眼镜，并关注其从简单信息展示工具演变为能在真实和数字虚拟层之间实现无缝整合的媒介。

1）演变的设计目的

Azuma（1997）提出的 AR 定义将其定位为通过结合真实世界和虚拟图像、实现实时交互和精确 3D 定位来提高与周围世界互动水平的技术。近年来，AR 眼镜的设计目的发生了演变，不再仅是信息展示，更强调在现实和虚拟层之间实现无缝整合，促使用户更深层次地参与外部环境。

2）信息即时获取

Carmigniani 和 Furht（2011）的研究指出，AR 技术的敏感性使

其能即时响应周围环境并提供相关信息，极大优化了空间导航。Kipper 和 Rampolla（2012）进一步验证了 AR 眼镜在提供实时地图叠加和方向指引方面的效益，尤其在陌生环境中表现显著。例如，Tönnis 等（2006）的 AR 历史导览项目提升了游客的互动学习体验。同时，实时翻译功能，如谷歌翻译的 AR 模式，为用户提供了跨文化交流和语言学习的新平台。

3）现实与虚拟的互动

在消费行为领域，Javornik（2016）的研究表明，AR 眼镜通过 3D 预览和信息增强，显著提升了购物体验。以 IKEA 的 AR 应用为例，用户可以在家中预览家具摆放，这种虚拟展示方式不仅助力购物决策，也可能重塑零售业的消费者体验（Pantano，2014）。

4）教育与培训领域的应用

结合构建主义学习理论（Piaget，1951），AR 眼镜为学生提供了深入、交互式的学习经历，将学习内容与真实环境相结合。学生通过 AR 技术可以进行虚拟历史现场访问，或通过 NASA 的应用程序探索太阳系，不仅提高了学习者的参与度（Radu，2014），同时通过沉浸式的视觉体验提升了学习效果（Billinghurst & Dünser，2012）。然而，AR 眼镜的广泛应用仍面临着技术挑战，包括视觉疲劳、设备便携性，以及用户接受度等（Swan & Gabbard，2005）。因此，社会对话和伦理审查对其负责任使用至关重要，同时也需要持续评估和发展隐私保护措施及相关法律框架（Roesner et al.，2014）。

总之，在 AR 眼镜的发展中，通过整合最新的设计理念和技术创新，不仅可以提升用户体验，还能促进 AR 技术在多个领域的可持续应用。在应用研究时，确保其真实性和当前适用性，以维持学术严谨性，促进 AR 技术的负责任发展。

2. 触觉反馈设备：真实的虚拟触感

触觉反馈技术作为多感官交互体验的核心组成部分，在当今数字化时代逐渐超越其原有的界限。通过模拟真实触感，触觉反馈技术丰富了用户的体验，广泛应用于游戏、医疗、设计等领域。

1）游戏与娱乐

在游戏与娱乐行业，触觉反馈技术正在改变用户体验。例如，在虚拟现实游戏中，玩家可以感受到物理现象，如枪械的反冲力或自然环境中的雨滴和风的触感。这不仅提高了游戏的沉浸感，还促进了用户的情感参与和记忆形成。研究表明，触觉反馈能显著提升用户的体验质量，增加虚拟环境的真实感（Salisbury et al., 1995）。

2）远程医疗与手术

在医疗领域，触觉反馈设备通过允许医生进行遥控手术，打破了地理限制，扩大了优质医疗服务的覆盖范围。高精度的触觉反馈不仅可以模拟手术过程中的触感，还可以减少患者并发症的风险，因为它能帮助医生更加精细地操控手术工具（Peine et al., 1999）。此外，这种技术对于教育和培训新的医疗专业人士也具有重要价值。

3）设计与建模

触觉反馈技术在设计与建模方面应用广泛，特别是在复杂的 3D 模型创建中。设计师和工程师通过触觉设备接收关于材质、形状和质量等属性的直观反馈，直接促进了设计的精确性和效率。研究证明，触觉增强的交互能改善设计的性能和设计的精确度（McNeely, 1993）。

4）元宇宙的转变

随着界面技术的不断进步，元宇宙的概念逐渐从一个抽象的数字平台转变为一个能提供真实感触体验的全面世界。这种转变为用户提供了一个更加丰富和深入的虚拟体验，模糊了真实世界与数字世界的界限。

触觉反馈技术的进步离不开跨学科团队的协作，这些团队将计算机科学、人体工学、材料科学和心理学等多个领域的知识综合应用于技术创新中。

总体而言，触觉反馈技术在元宇宙中扮演着不可或缺的角色，科学家、工程师和设计师的不懈努力推动其不断创新。随着更多研究的展开，未来的触觉反馈技术将更加精细，为人类的虚拟互动体验开辟新的可能性。

8.1.2 虚拟与物理的界面技术

1. 真实世界的数据同步

元宇宙作为数字与物理世界的交叉点，正迅速演变为我们生活、工作和社交的新领域。数据同步是确保元宇宙与真实世界保持一致的关键技术，它不仅提高了用户的沉浸体验，还赋予元宇宙实用性和真实感。

1）真实世界的气象数据与元宇宙的交互

将真实世界的气象数据集成到元宇宙中，极大地提高了用户的沉浸体验，并构建了一个综合平台，涉及气候学研究、教育与培训、农业规划等多个领域。

（1）**气候学研究**。元宇宙中实时同步的气象数据为研究人员提供了构建高度精确气候模型的机会，用于模拟和分析气候变化的复杂模式。这为科学家提供了无风险测试和验证气候理论的工具，促进气候适应性策略的发展。

（2）**教育与培训**。教育者可以利用元宇宙平台，将抽象的气象学概念具体化，为学生提供互动性强、直观的学习环境。实时数据的整合提高了学生的学习动机和成果。

（3）**农业规划**。农业专家通过元宇宙提供的精细化气候模型，优化了种植计划和农业管理。模拟不同气候条件对农作物生长的影响，提前采取应对措施,适应气候变化的挑战。

2)建筑与城市规划在元宇宙中的应用

同步真实世界建筑数据至元宇宙为建筑师和规划师提供了全新的创新工具。数字孪生技术的快速发展为实时监控和管理建筑与城市发展提供了新途径。

(1)**理论框架与实践应用**。数字孪生技术的发展创造了动态的建筑和城市模型,提供了实时监控和管理的能力。元宇宙为专业人员提供了前所未有的多维创新环境,推动了智慧城市等概念的实际应用。

(2)**三维模拟与方案评估**。引入复合现实技术使元宇宙中的三维城市模型不仅是视觉化工具,还模拟声学、光学和风流等物理特性。在环境心理学的理论指导下,这些模型通过模拟影响用户认知和情绪的物理特性,对规划决策产生深远影响。

(3)**系统动态学的环境影响评估**。系统动态学理论应用于元宇宙中的环境影响评估,使规划者能考虑长期环境变化和反馈循环。元宇宙的城市规划模型能够模拟绿色建筑材料的长期环境效益,评估雨水收集系统对城市洪水的潜在减缓效果。

(4)**社会技术系统观点**。元宇宙为公众参与提供了新平台,体现了社会技术系统理论。这一理论强调技术和社会因素的互动,提示技术实施需考虑社会影响和规范。通过交互式三维环境,公众可以直观地对城市规划方案进行评价和反馈,直接影响规划决策。

2. 社交互动的新维度

元宇宙为人们提供了一个新的社交平台,其中的互动方式将更加丰富和直观,改变了我们的互动方式,对教育、文化和组织沟通提出了新的要求和机遇。

1）虚拟会议的沉浸式体验与技术透明性

（1）**沉浸式体验**。元宇宙中的虚拟会议通过 VR 和 AR 技术，越来越接近真实会议的体验。在媒介丰富性理论指导下，不同媒介提供不同程度的信息丰富性和非语言线索，而元宇宙提供前所未有的丰富性，提高了沟通效率。

（2）**技术透明性**。技术透明性概念提醒我们，虚拟会议系统应模拟现实，使技术"消失"，让用户专注于交流。这种无缝融合技术和用户体验的方式将推动虚拟会议的广泛应用。

2）文化交流的全球村效应

（1）**全球村概念**。元宇宙不受物理空间限制，使来自世界各地不同文化背景的人们可以轻松聚集，进行文化交流和分享。跨文化交际理论指出，这种交流有助于提高跨文化意识和敏感性。

（2）**文化节庆活动**。元宇宙平台上的文化节庆活动促进用户之间的文化理解和共鸣。通过案例研究，我们看到元宇宙为文化交流提供了全新的可能性，打破了传统的地域和语言限制。

3）教育与培训的构造主义学习环境

（1）**构造主义学习环境**。元宇宙中的虚拟实验室提供了构造主义学习环境，使学生通过实际操作学习复杂的科学概念。这种互动方式改变了传统的师生角色，鼓励学生积极参与和自主学习。

（2）**数据准确性和安全性的挑战**。确保元宇宙中的社交互动数据的准确性和安全性是关键。信息系统安全理论提供了数据保护的框架，包括数据加密、访问控制和认证机制的研究。随着用户数据的激增，数据隐私保护成为研究热点。

（3）**伦理和法律问题的社会技术挑战**。社交互动引发的伦理和法律问题需要从社会技术视角审视。社会技术系统理论强调技术和社会因素相互作用的重要性，要考虑社会影响和规范。元宇宙的法律框架仍在不断发展中，涉及知识产权、虚拟财产权和用户行为规范等问题。

总体而言，元宇宙的社交平台改变了互动方式，对教育、文化和组织沟通提出了新的要求和机遇。随着技术的发展，确保数据安全、解决伦理问题和制定合适的法律政策将是未来的重要挑战。元宇宙将继续成为社交互动创新的前沿，塑造未来数字化社会的发展方向。

8.1.3 跨界应用与创新

元宇宙技术已经超越娱乐和游戏领域，涌现出许多跨界的应用领域。各行各业都开始认识到元宇宙技术的潜力，并积极探索其在不同领域中的应用。这种技术的成熟使得其影响力不断扩大，逐步渗透到人们日常生活的各方面。以下是几个领域的深入探讨。

1. 医疗与元宇宙的交融

1）远程手术模拟与认知负荷理论

在元宇宙中进行手术模拟环境的创造，为医疗培训提供了无风险的平台。这不仅体现了认知负荷理论的应用，该理论认为有效的学习环境应优化认知负荷，而且高保真模拟环境使医生能在相对真实的情境中进行大量手术练习，从而降低真实手术中的认知负荷。

2）患者教育与健康信息加工模型

元宇宙中的三维人体模型为患者教育提供了新的手段。结合健康信息加工模型，这种互动性强的教育体验可以加强患者对疾病和治疗方案的理解。这在提高患者治疗参与度和理解度方面起着关键作用。

3）远程诊断与医疗服务质量框架

元宇宙技术在远程诊断中的应用显著提高了医疗服务的效率和质量。与医疗服务质量框架密切相关，元宇宙可以提供即时的交流环境，允许医生进行近乎现场的诊断，从而提高病人满意度和治疗遵从性。

2. 制造业的数字化转型

1）生产流程模拟与系统动力学理论

元宇宙为制造业提供了数字化、高度模拟的环境，利用系统动力学理论，制造商可以在微观层面上预测和分析生产决策对整体系统的影响。这有助于优化资源分配，提高生产效率。

2）虚拟样机测试与虚拟原型技术

虚拟原型技术的应用减少了实体原型的需求，节省了成本和时间，并提高了产品设计的迭代速度。这种方法已被一些公司成功地应用于产品设计和测试，例如宝马公司使用CAD和VR技术进行车辆设计和测试。

3）供应链管理与数字供应链整合

元宇宙技术的应用可以实现对供应链全局的实时监控和管理，增加供应链的灵活性和抗风险能力。通过智能合约和区块链技术，供应链各方可以在元宇宙中实现数据共享和流程自动化，提高了供应链的效率和透明度。

3. 建筑与元宇宙的完美结合

1）计算机辅助设计（CAD）与VR在建筑设计中的融合应用

元宇宙中的三维建模与仿真工具使建筑师能精确构建数字化建筑模型，同时客户可以在虚拟环境中直观体验空间布局和设计细节。这种融合应用提高了建筑设计的灵活性和互动性。

2）数字孪生技术在环境影响评估中的应用

数字孪生技术在环境影响评估（EIA）中的应用可以准确地模拟建筑物对环境的影响，为设计初期的决策提供有力的支持。同时，数字孪生技术也提高了公众参与和社区咨询的透明度和参与度。

3）跨学科协同设计在元宇宙平台上的实践

元宇宙技术提供了一个跨学科合作平台，建筑师、设计师和工程师可以通过实时的互动合作，共同塑造并优化设计方案。这种跨学科协同设计不仅提升了设计的创新性和质量，还有效缩短了项目的开发周期。

总体而言，元宇宙技术的跨界应用为各个领域带来了巨大的创新机会。然而，随着技术的发展，我们也需要应对与此相关的挑战，包括数据安全、技术准入和人才培养等方面的问题。虽然面临一些挑战，但元宇宙技术的广泛应用将推动各行业向更智能、更互联的方向发展。

8.2 元宇宙与未来的教育与职业：虚拟世界中的学习与工作

在当前的技术风潮中，元宇宙被广泛地看作下一个信息时代的核心场景，其影响已经迅速拓展到教育和职业领域。可以预见，在未来的社会中，元宇宙将逐渐重塑传统的学习、工作和培训方式，开创全新的学习和职业机会。

8.2.1 虚拟学习的革命

随着元宇宙技术的崛起，教育领域正在迎来一场前所未有的变革。传统教育局限于教室和教材，而元宇宙技术为学习提供了全新的范式，向着更为沉浸式和个性化的方向迈进。本节将从多个角度深入探讨元宇宙技术如何彻底改变现代教育。

1. 深度沉浸式学习体验

元宇宙技术为教育引入了深度沉浸式学习的可能性，通过 VR 和 AR 等组件，创造出高度真实感的学习环境。此举受益于实践学习理论

（Dewey，1938）和社会文化理论（Vygotsky，1978），强调在实际情境中学习的益处。

1）实境模拟的教育应用

元宇宙中的实境模拟不再受制于时间和空间的限制，为学科提供了更为直观的学习体验。以历史教学为例，学生通过 VR 技术，可以全方位体验历史战场，与传统图文介绍相比，更深入地理解历史事件。相关研究（Bailenson，2006）表明，通过虚拟现实中的历史场景，学生对历史事件的记忆和理解显著提升，符合情景认知理论（Brown，Collins & Duguid，1989）。

2）情境教学的效益与实证研究

情境教学法在元宇宙教育中展现出显著的潜力。比如，通过三维模拟细胞结构，学生能直观地观察细胞器功能，与 Piaget 的构造主义学习理论相契合（Piaget，1954）。在地理教学中，VR 应用提高了学生的空间理解能力，特别是通过虚拟旅行学习地理现象。这些应用在近年来的研究中都得到了验证。

3）互动学习环境对认知发展的促进作用

元宇宙提供的高度互动学习环境使学生由被动接受知识向主动构建知识转变。根据 Bruner 的探究学习和发现学习理论（Bruner，1961），通过与虚拟环境中的对象、现象进行互动，学生的探究和发现能力得到提升。研究结果（Freina & Ott，2015）表明，元宇宙环境中的互动体验显著提升了学生的实践操作、批判性思维和解决问题的能力。

2. 个性化学习路径的创新

1）个性化学习路径的理论框架及其在数据驱动环境中的应用

在当前的教育技术领域，基于大数据分析与人工智能的个性化学习路径的构建已经成为现实。学者 Baker 与 Yacef（2009）首次提出利用教育数据挖掘技术识别学生的学习模式,并据此调整教学策略。元宇宙平台通过高级数据分析技术,包括机器学习和预测建模,实时监控学生的行为和偏好,为他们量身定制学习路径。

2)教学资源的动态分配与适应性学习的实践

动态教学资源分配在个性化学习中占据核心地位。元宇宙平台的智能算法根据学生的学习行为和成就进度,自动推送相关的教学资源。在线教育平台(如Knewton)已通过复杂算法自动向学生推荐适宜资源,证明了适应性学习方法的有效性(Ferster,2012)。这一过程不仅优化了资源的分配,而且通过连接全球专家和提供合作学习的机会,实现了社会文化理论中最近发展区理论的学习环境。

3)即时反馈与指导对认知发展的影响

元宇宙中的学习体验允许学生获得即时反馈,这是促进学习过程中即时纠错和知识理解的重要环节。Hattie与Timperley(2007)提出的反馈模型强调了有效反馈的4个关键方面:目标、进度、指导和鼓励。在元宇宙中,这种反馈机制得到了增强,因为平台能根据学生与环境的交互和达成的成就实时提供个性化反馈,有助于学生及时纠正错误并加深对准确概念的理解。这种反馈和指导的即时性不仅提升了认知效果,而且通过满足每位学生的特定需求,进一步优化了整个学习过程。

3. 全球化的教育资源整合

1)全球化教育资源整合——理论框架与实证实践

在教育全球化的大背景下,元宇宙技术提供了超越传统教育局限性的新模式。依据Carnoy(1999)对教育全球化影响的前瞻性分析,元宇宙的涌现可谓技术潜能的具体体现。该技术架构使得全球教育资源得以跨越时空限制进行整合与共享,进而实现"无界教室"理念,不仅提高了资源利用的效率,也促进了知识传播的平等化。

2）跨文化交流与学习资源多样化

随着跨文化能力的重要性日益凸显，国际教育领域也相应重视其发展。元宇宙平台为学生搭建了一个跨越国界的学习与交流空间，提供了沉浸式的多元文化体验。依据 Bennett（1993）提出的跨文化敏感性发展模型，个体在不同文化间的互动中会逐渐从文化认知的拒绝阶段过渡到文化价值观的融合与接受。借助元宇宙提供的跨文化交流，可以促进学生更快地实现这一过程，加速其文化适应能力的提升。

3）教育平等性的促进与机会均等的扩大

教育平等是全球教育政策追求的核心目标之一。元宇宙技术为处于地理偏远与资源稀缺地区的学生提供了接入世界级教育资源的新途径。根据 Coleman（1988）的社会资本理论，教育的可获得性与社会结构有密切联系。元宇宙带来的连接性突破了传统社会结构对教育机会的限制，使得所有学生，无论背景如何，都有机会享受相同水平的教育资源，这大大促进了全球教育的均衡发展。

总体而言，通过对全球教育资源整合理论与实践的逻辑验证与学术深化，我们可以看到元宇宙技术在推动教育平等、跨文化交流以及资源共享方面具有革命性的潜力。未来可进一步探究元宇宙在不同文化、经济背景下的具体应用效果，以及其在教育均衡发展中的长期影响。

综上所述，元宇宙技术对教育领域的影响是深远的，它为我们提供了一种全新的学习方式，使教育变得更加生动、有趣和高效。然而，确保技术公正与安全，以及每个学生都能获得高质量的教育资源仍然是需要深入研究的课题。

8.2.2 元宇宙中的职业机会

随着元宇宙的崛起，虚拟世界中涌现出一系列前所未有的职业机会，从虚拟建筑师到数字艺术家，不仅为我们创造了新的职业领域，而且重新定义了数字与现实的交互方式，逐渐塑造了未来的职业图景。与传统职业相比，元宇宙中的职业机会更加前瞻，涉及的行业广泛，跨多个领域。接下来，我们将深入研究元宇宙如何催生全新的职业方向，并分析其对未来职业生态的影响。

1. 产业价值链的重新定义

1）虚拟资产的交易与经纪

随着元宇宙平台的崛起，虚拟资产经纪成为一个新兴的职业领域，与传统的地产经纪相似，但更为复杂。这些专业人士需要高度的交易和谈判技能，同时对虚拟世界的地理、文化以及法律法规有深入了解。市场分析报告显示，虚拟土地交易量有时甚至超过实体商业地产，揭示了虚拟资产在当代经济中的增长动力。

2）数字时尚与材料科学的交叉

数字时尚设计要求设计师不仅关注服装的视觉美感，还需考虑虚拟材料的属性。这推动设计过程变得更为复杂，涉及先进的计算机图形学、用户界面设计和体验设计等多学科知识。设计师需要在科技和艺术之间找到平衡点，创造新的设计理念和用户体验标准。

3）元宇宙的文化研究与导览

新兴的职业如元宇宙文化研究者和导游在数字环境中崭露头角。他们深入研究并传播元宇宙内部的文化特色和社交习俗，为用户提供知识性和娱乐性并重的虚拟体验。这要求他们既具备传统文化研究的理论基础，也适应数字技术的发展，以及元宇宙特有的社交规则和互动模式。

2. 技术与艺术的交融

1）数字艺术的设计与构建

元宇宙中的艺术创作体现了计算机科学、用户体验设计、数字媒体艺术等多学科的交叉融合。人机交互理论提供了一个框架,使艺术家和技术人员可以共同协作。这种合作通过艺术家和技术开发人员共同运用用户友好界面的原则,创造了新的、超越物理界限的数字艺术形式,具有前所未有的互动性和沉浸感。

2)跨领域的文化生产模式

传统艺术门类在元宇宙中焕发新生,不再仅限于传统的表现形式,而是融入了新的数字化和交互性特质。混合现实技术的应用使表演艺术家能在虚拟空间与观众互动,打造新型的表演艺术。这为传统艺术形式与其他行业专家的跨界合作提供了平台。

3. 全球化的机遇与挑战

1)全球化视域下的职业机遇

元宇宙作为一个超越传统国界限制的平台,为全球的工作力量提供了更广阔的职业空间。这一全球化趋势从经济地理学的角度体现为"空间流动性",技术发展使劳动力市场跨越物理空间的界限。然而,全球化要求相关专业人才具备全球化视野和相应的技能。

2)跨国职业活动的公平性与权益保护

全球化职业发展带来的文化差异和法律法规的多样性给跨国工作带来了挑战。工作标准化和权益保障需要在设计全球性工作协议和法律框架时考虑到各地的具体情况。此外,全球劳动力市场的竞争可能加剧了对低成本劳动力的追求,这对工人的权益和劳动条件可能会构成威胁。

综上所述,元宇宙中的职业机会涉及多个领域,从虚拟资产交易到数字艺术,再到全球化的职业发展,都为未来职业生态带来全新的面貌。这些机会既拓宽了职业选择的范围,又对从业者的技能和知识提出了更高的要求。未来的研究应该关注这些新兴职业的发展趋势,为人才培养和职业规划提供有力支持。

8.2.3 职业培训与协同合作

在元宇宙中,职业培训与协同合作经历了深刻的变革,为个体和团队提供了前所未有的学习和工作体验。以下是元宇宙中职业培训与协同合作的关键。

1. 虚拟实训与其对真实世界的影响

1)高保真医学模拟与教育革新

在元宇宙中,高保真医学模拟为医学实训提供了创新解决方案。通过虚拟平台,学习者可以获得无限次的实操机会,有效降低了现实手术带来的生理风险和道德困境。这种实训模式在技能掌握的"刻意练习"理论下取得了显著成效,提高了医学生在手术技能方面的精确性和自信心。

2)虚拟现实技术在工程设计中的应用

在工程领域,元宇宙平台为高度仿真的虚拟实验室提供了机会,特别是在汽车和航空工程设计中。这种技术的应用通过模拟极端工况条件,提升了设计方案的安全性,降低了物理原型的制造成本,同时缩短了产品从概念到市场的周期。这符合沉浸式多用户虚拟环境的理论,通过虚拟空间的协作与实验,显著提高创新和学习效率。

3)人工智能与个性化学习路径的融合

元宇宙中的虚拟实训得到人工智能技术的支持,提供了个性化学习的可能性。深度学习算法实时反馈学习者的表现,并根据其需求提供个性化指导。这与"最近发展区"理论相契合,促使学习者在有经验者的辅助下达到更高的认知水平。同时,数据分析显示深度学习算法可不断优化教学策略,为学习者的长期技能发展提供动态支持。

2. 无界限的远程团队合作

1)元宇宙环境下的跨界限协作模式

元宇宙改变了传统的团队协作定义,克服了物理距离的障碍。全球各地的团队成员可以在同一虚拟空间中实时协作，有效减缓了时区差异引起的沟通延迟。这种全球性的跨地域协作促进了知识共享和创新，与全球虚拟团队理论相契合。

2）多维交互——超越传统的协作方式

元宇宙提供的多维交互方式使远程团队合作更加丰富。团队成员通过虚拟环境中的三维化身共同操作项目，模拟真实世界的办公协作体验。这种高度仿真的虚拟身体语言和面部表情提高了沟通的真实性和有效性，符合社会信息处理理论。

3. 构建全新的职业交流网络

在元宇宙中，出现了一个去中心化的职业交流网络，推动了行业专家的跨文化和跨地域交流。

1）强化社会网络理论中的"弱联系"

元宇宙中的职业交流网络通过广泛的社会互动，超越了传统的强社会联系。这有助于推动知识的交流与多样性的创意产出。此网络架构的广泛性促进了开放交流，可能培育了创新思维和策略。

2）开放性与多元文化的职业文化建构

元宇宙提供了一个平等的交流平台，有助于解构传统的社会等级与文化壁垒。这种环境促进了不同文化背景下专业人士的开放交流，可能推动了创新思维和策略。

通过案例分析，如 Proximie 的远程医疗协作平台，我们可以预测元宇宙在职业交流领域的潜在影响。这种技术不仅扩展了医疗服务的可及性，还提高了手术教育的质量和效率。这一趋势在教育、工程和科学研究等领域有望推动创新和进步。

综上所述，元宇宙技术正在深刻塑造我们对学习、工作和职业的理解。其跨文化、跨地域的交流与协作为建立一个开放、高效和创新的全球职业交流网络提供了可能。随着技术的不断发展和创新理念的涌现，未来的教育和职业发展将呈现更广阔的视野和无限的潜能。

8.3 元宇宙的娱乐与生活：虚拟空间的多彩体验与社交连接

元宇宙的出现为人类开辟了一个全新的虚拟空间，其深刻的影响已逐渐蔓延至我们的娱乐和日常生活。在这个无限可能的虚拟世界中，人们可以体验到全新的娱乐方式、日常生活的转变和社交方式的重构。

8.3.1 元宇宙中的新型娱乐

元宇宙的概念正逐渐从科幻小说走向现实，为人类社会带来前所未有的娱乐体验。在这个新的数字世界中，虚拟旅行、在线音乐节和虚拟电影院等娱乐形式正以前所未有的方式重塑人们与数字世界的关系。本节旨在从学术视角探讨这些新型娱乐方式的发展趋势，并通过引用全球顶尖的学术成果，深入探讨它们背后的理论基础和可能的未来发展方向。

1. 虚拟旅行与真实体验的融合

1）突破地理与时间的限制

传统旅行受到时间、金钱和身体条件等限制，而元宇宙中的虚拟旅行通过虚拟现实技术消除了这些限制。在 Steuer 提出的"现实感理论"框架下，虚拟旅行带来的"仿真存在"体验突破了传统旅行的局限性。Meehan 等的研究表明，通过触觉反馈技术的应用，虚拟旅行体验的真实感得到进一步提升。然而，用户主观评价的个体差异需要进一步研究。

2）深度沉浸的文化体验

Giddens 的"去中心化自我"理论指出，个体通过跨文化体验重塑自我认同。在元宇宙中，虚拟旅行为跨文化交流提供了全新的平台。然而，文化再现和跨文化交流动力的精准设计需要更深入的研究和模拟。

3）自定义的旅行体验

根据 Hassenzahl 和 Tractinsky 的用户体验模型，元宇宙中的个性化旅行体验通过人工智能技术实现，满足用户的需求和偏好。然而，关于个性化旅行体验的优化和用户数据隐私保护仍需深入研究。

2. 在线音乐节与全球互动

1）消除物理距离的隔阂

在线音乐节体现了全球化理论中的去地理化特征。通过实时流媒体技术，艺术家与观众之间的空间限制被打破。Arjun Appadurai 的"景观"理念进一步强化了信息流通对个体身份和跨文化体验的影响。

2）更加互动的表演

Henry Jenkins 关于"参与性文化"的理论揭示了观众从被动接收者向主动参与者转变的趋势。在线音乐节利用实时投票、直播评论和虚拟现实等多样化互动手段，加强了艺术家与观众的交流。

3）音乐与技术的结合

技术革新在音乐体验方面发挥了关键作用。3D 音频技术和增强现实的应用提高了观众的感官体验。音乐专家的研究进一步强调了技术创新对音乐体验的深远影响。

3. 虚拟电影院与社交体验

1）超越传统的观影模式

虚拟电影院通过 VR 技术赋予观众前所未有的互动能力，冲破了传统线性叙事的束缚。Murray 的非线性和可交互叙事理论进一步强调了元宇宙中非传统叙事的重要性。

2）社交与观影的结合

虚拟电影院通过 Bigscreen VR 等平台，将社交网络的理论应用于实践，实现了观众间的社会联系和情感共鸣。这符合 Castells 有关媒介体验社交维度的理论。

3）个性化的观影选择

个性化服务基于用户的偏好，为其提供定制化的观影体验。用户可以选择不同的观影环境、音效和视角，创造一个完全个性化的观影空间。这与个性化推荐系统的研究相契合。

总体而言，元宇宙为娱乐与体验打开了新的维度，突破了传统界限。虚拟电影院的出现代表了观影方式的创新和演变。随着技术的不断进步，这些新型娱乐方式将继续发展，并为人类社会带来更丰富和深入的体验。

8.3.2 生活方式的转变

元宇宙技术不仅是娱乐的革新，更深刻地渗透到我们的日常生活，为人们提供更为便捷和个性化的生活方式。本节将探讨元宇宙如何在健身、烹饪和购物等方面引领生活方式全面转变，结合学术观点和前沿研究，揭示其对人类生活实践的深远影响。

1. 虚拟健身与身体健康的再思考

1）深度个性化锻炼

元宇宙技术通过深度学习和人工智能的应用，为用户提供量身定制的健身建议。与传统的通用型健身方法相比，这种个性化的健身方案更符合现代精准医疗和个性化健康管理的趋势。然而，对于用户，个体差异的准确分析和个性化方案的长期效果，仍需要进一步的实证研究。

2）沉浸式的健身体验

在元宇宙中，虚拟健身不再是枯燥的锻炼过程，而是通过沉浸式体验模拟各种环境，激发用户内在动机。这种沉浸式体验对行为改变具有潜在的积极效果，但其长期影响仍需通过深入研究来验证。

3）专业指导与社群交流

虚拟健身课程在元宇宙中的实时专业指导结合全球健身社群的互动，为用户创造了全新的社会支持网络。这种网络有助于加强用户之间的联系，提升社群认同感，进而促使个体形成持久的健康行为。然而，社群互动的影响也需要细致考量，以确保其正面效果。

2. 烹饪教学与食物文化的传承与革新

1）虚拟实践与真实技能的结合

元宇宙为烹饪教学提供了虚拟环境，使用户能模拟真实的烹饪过程。这不仅提高了实践性，还允许用户反复尝试和修改，直至技能熟练。然而，虚拟实践与真实技能的转化仍然需要更多实证研究的支持。

2）多元文化的交融与学习

元宇宙的全球性特点为各种不同的食物文化提供了汇聚之地。用户可以跨越国界学习各种烹饪技巧和食谱，促进食物文化的传承与创新。这种跨文化互动在教育中也有重要的价值，有助于培养用户的多元视野。

3）食材知识的扩展

在元宇宙中的烹饪课程不仅教授烹饪技巧，还深入讲解各种食材的来源、营养价值和最佳搭配方法。这种综合性的教学模式有助于提升用户对食品系统、可持续性和健康饮食的全面认识。然而，如何更好地整合这些知识并促使用户应用于实际生活，仍需进一步研究。

3. 虚拟购物与消费者行为的转型

1）全方位的产品体验

元宇宙的虚拟商店通过多角度、多尺度的产品展示、模拟使用等方式，提供全方位的产品体验。这种全新的购物决策方式有望增强用户的信心。然而，用户在虚拟环境中对产品的真实感受和体验，以及虚拟产品与实际产品的差异，仍然是需要关注的问题。

2）智能推荐与深度定制

基于大数据和人工智能技术，元宇宙的虚拟商店可以根据用户的个性化需求提供精准的产品推荐。这种智能推荐有望改变传统购物中的信息不对称问题，但也需要对用户数据隐私和安全性进行更加严格的保护。

3）社交化购物体验

在元宇宙中，消费者不再是孤立的购物者，而是可以与他人一同进入虚拟商店，共同挑选、交流和分享。这种社交化的购物体验有助于使整个购物过程更具社交性和娱乐性。然而，社交体验对不同用户的接受程度和影响仍需详细研究。

总之，元宇宙技术正在推动生活方式的根本性转变，从健身、烹饪到购物，为用户提供了更为个性化、沉浸式和社交化的体验。然而，这些变革背后依然有待于深入研究和实证验证。未来的研究应更加关注用户体验、行为心理学和社会文化因素的综合影响，以更好地理解和引导元宇宙在生活方式领域的创新。

8.3.3 社交与情感连接

元宇宙的兴起标志着社交、情感与心理连接领域的重大演变。它不仅是一个数字娱乐平台，更是一个深刻影响人际交往和心理健康的创新工具。本节将深入探讨元宇宙对社交、情感和心理连接的多方面影响，分析其在身份认知、社交模式和心理支持方面的革新。

1. 身份认知的拓展

1）虚拟身份与真实自我

在元宇宙中，虚拟身份不再仅是数字形象，而是一种更贴近真实自我的表达方式。用户可以在虚拟空间中更自由地展现自己的兴趣、理念和个性。研究表明，这种虚拟身份的表达更容易打破社会对性别、种族等因素的刻板印象，使用户能更自由地塑造自己的社交形象（Bessière et al.，2007）。

2）社交互动的戏剧性转变

元宇宙提供了一个更为开放和包容的社交舞台，使个体能跨越地理和文化边界与他人互动。在这个虚拟环境中，人们更容易接受多元文化、多元性别和多元身份的存在，促使社会在认知和接纳上取得进步。这也进一步支持戈夫曼的戏剧理论，认为社交是一种表演，而元宇宙为个体提供了更多的角色选择和表演空间。

2. 社交模式的多元化

1）共同兴趣的社交

在元宇宙中，社交不再受制于地理位置，而更多基于共同兴趣和价值观。这种社交模式的改变有助于打破传统社交圈的限制，使人们更容易找到志同道合的朋友。这对于那些在现实生活中难以建立深层次社交关系的个体尤为重要，例如社交障碍患者或社交焦虑者。

2）情感连接的深化

在元宇宙中，社交互动不仅限于文字和语音，还包括虚拟身体语言和情感表达。这使得人们能在情感层面建立更为深刻的连接。通过虚拟环境中的沉浸式体验，用户可以更全面地分享和感知情感，从而增强社交关系的质量。这为情感丰富性理论提供了新的应用场景（Biocca et al.，2003）。

3. 心理连接的拓展

1）心理治疗的数字化转变

元宇宙为心理治疗提供了全新的数字平台。通过虚拟现实技术，治疗师可以模拟各种治疗场景，帮助患者更好地处理情感问题。这种数字化转变对克服现实生活中的心理障碍和提供更为舒适的治疗环境具有巨大潜力。

2）虚拟空间的艺术疗法

元宇宙为艺术疗法提供了更广阔的发展空间。个体可以通过虚拟平台进行创作和表达，这在某种程度上弥补了传统艺术疗法中物理空间的限制。这种创新形式不仅为个体提供了自我表达的新途径，也为观众带来了全新的体验。

总体而言，元宇宙作为社交、情感与心理连接的创新平台，正深刻改变着人们的认知、互动和心理体验。通过拓展身份认知、丰富社交模式，以及提供全新的心理支持手段，元宇宙正在为社会心理学和心理治疗领域带来全新的挑战和机遇。然而，随着元宇宙的不断发展，仍需要深入研究其在心理健康、社交动态和个体认知方面的具体影响，以更好地引导其健康发展。

第 9 章

未来展望——元宇宙与人类的共同命运

09

9.1 推动技术创新：元宇宙如何形塑未来社会的科技革命

随着科技的不断进步，我们站在一个前所未有的时代交汇点上。从经济学人到彭博社，大量的报道和分析都在揭示着技术发展的前沿趋势。这些趋势揭示了一个更加精细、可持续，以及多技术融合的未来。特别地，元宇宙的概念和发展成为这场技术革命的核心。

9.1.1 技术革命：元宇宙的崛起与新一代技术发展

随着科技的飞速发展，我们置身于一个从宏观到微观、从整体到细节、从量到质的全新技术纪元。这个纪元标志着我们对技术的认知和应用达到了前所未有的深度和广度。本节我们聚焦于 3 个核心驱动力：虚拟感知的真实化、AI 的个性化发展，以及量子计算的突破。

1. 虚拟感知的真实化与社会应用

1）感知真实化的社会需求

数字时代的到来使人们对虚拟体验的真实感有了更高的追求，涵盖娱乐、医疗、教育、工业设计等多个领域。这反映在 Mihaly Csikszentmihalyi 的"流"理论中，主张在完全沉浸的状态下个体体验的最大化。数字时代中用户的沉浸感受越发关键，Mel Slater 等的研究则深入探讨了虚拟环境中存在感和真实感对用户沉浸体验和行为反应的影响。

2）多模态感知的交叉学科研究

与早期的视听重心不同，现代虚拟技术注重多模态感知体验。通过生物学、物理学和计算机科学的交叉，新型触觉反馈技术使人们能在虚拟空间中"真实"地触摸和感受物体。Alva Noë 的"行动在知觉中的角色"理论为多模态感知体验提供了理论支持。超声波触觉显示器等新型技术的研发需要神经科学、认知科学和计算机模拟等学科的综合研究。HTC Vive 的 Lighthouse 跟踪系统案例提供了高度精确的用户位置和动作追踪,为多模态感知体验提供了硬件支持。

3)社会与道德问题

虚拟感知的真实化带来了新的伦理道德问题,如虚拟依赖、虚拟与现实的界限模糊等。Luciano Floridi 的信息伦理学理论从技术哲学的视角分析了虚拟感知真实化所带来的社会与道德问题。虚拟依赖和现实界限的模糊在社会心理学领域引发关注,Sherry Turkle 的作品探讨了技术如何改变人类的自我认知和社交互动。Second Life 等虚拟世界的案例对个人身份和社会互动的影响提供了深入剖析。

2. AI 的个性化发展与产业革新

1)用户中心的 AI 设计

随着大数据和深度学习的发展,现代 AI 更加注重个人化和用户中心。Donald Norman 的用户中心设计(UCD)原则强调设计应基于用户的特定需求和环境,与现代 AI 发展趋势相吻合。Netflix 的推荐系统通过深度学习算法利用用户观看历史和相似用户的数据进行个性化推荐。

2)企业生态的改变

多项研究报告表明,AI 个性化服务已经引发零售、金融和医疗等传统产业深刻变革,生产效率、客户体验和市场结构都发生了显著改变。McKinsey 与 Company 的研究揭示了 AI 在提高生产效率、改善客户体验和重塑市场结构方面的潜力。在金融领域,AI 用于个性化金融产品推荐,通过分析消费者的购买历史和财务行为模式进行。

3）隐私权与道德挑战

AI 的个性化发展也带来数据隐私和道德使用的问题。欧盟的《通用数据保护条例》（GDPR）规范了个人数据的处理，要求企业在处理用户数据时必须遵守透明性和用户同意的原则。Nissenbaum 的"隐私权作为上下文完整性"理论提出了一个框架，以评估在不同社会情境下个人信息的适当流动。Apple 公司在其产品中使用差分隐私技术的案例展示了如何在提供定制化服务的同时保护用户隐私和数据。

3. 量子计算与未来技术视角

1）技术前沿的颠覆

量子计算代表了计算技术的一次巨大飞跃，可能颠覆我们对信息处理、安全通信和算法设计的认知。Shor 的量子算法展示了量子计算机在大整数的因数分解问题上的优越性，对现有的加密体系构成潜在威胁。IBM 和谷歌公司在量子计算硬件的发展上取得了显著进步，后者甚至宣布已达到"量子霸权"。

2）产业应用的潜在价值

量子计算有望在药物设计、气候模型和金融策略等领域带来前所未有的计算能力和解决方案。在药物发现领域，量子计算能模拟复杂的分子和化学反应，D-Wave 系统已在材料科学和生物学等领域进行了应用探索。在金融领域，量子计算对优化投资组合、定价衍生品和风险管理有潜在的巨大影响，大型金融机构已在研究量子算法以优化其服务。

3）长远的社会影响

量子计算技术的应用和普及可能导致社会生产关系和经济结构的重大变革，甚至可能引发新的工业革命。量子互联网的概念，依赖量子纠缠实现超距离即时通信，可能引领通信领域的下一个革命。量子计算在物流、供应链优化等领域带来效率的飞跃，可能推动生产方式的自动化和智能化。此外,量子计算还可能引发教育和劳动市场的变革,要求新的技能和理论知识。

综上所述,从宏观到微观的技术转变不仅代表了技术自身的进步,更代表了我们对技术与社会关系、人与机器关系的新认知和新追求。在这个转变中,我们不仅面临技术的机会和挑战,更需要对技术的道德、伦理和社会影响进行深入的思考和探讨。未来的研究可以集中在进一步理解这些趋势的深层次影响,以及可能的解决方案上。

9.1.2 持续性与技术:深度融合的环境伦理与社会责任

随着技术进步和全球化的深入,我们的社会面临一系列挑战,其中最突出的是环境问题和资源的有效利用。如何确保技术在持续发展的同时兼顾环境和社会责任,已经成为当下最为迫切的议题。

1. 环境友好的技术创新:深度探究

1)技术与环境的共生关系

在全球气候变化和环境问题的背景下,可持续技术创新理论强调技术进步与环境保护相辅相成。绿色数据中心是一个典型应用,通过使用可再生能源和高效率散热系统,实现了碳排放的显著减少,同时提高了数据处理效率。此理论主张技术的发展必须遵循生态兼容性原则,确保在提升社会福祉的同时保护生态系统的完整性和生物多样性。

2)低能耗算法的应用及其深远影响

现代低能耗算法的应用不仅在于降低能源使用,更注重能耗模型的构建和优化。新兴的算法,如能效编码技术和模型压缩及量化技术,在大数据和人工智能时代的背景下,实现了对能源的高效利用。这在分布式算法和智能电网等领域的应用中得到了证明,显示出其在能源效率管理中的潜在价值。

3）细节中的环保举措

绿色设计理念在现代技术产品的设计和制造中已经深入人心。选择环境友好的材料、生物可降解电子组件的研究进展以及生物材料在产品包装中的应用，都是在技术的微观细节中考虑环保的实际举措。这些举措不仅有助于环境保护，也推动了循环再生经济的实践。

2. 社会责任的内化与技术道德

1）技术的双刃剑性

技术的双刃剑性是技术伦理学的核心议题，需要平衡技术的正面和负面影响。以 AI 技术的应用为例，其双刃效应被描述为"监控资本主义"，即企业如何利用大数据和 AI 收集个人信息转换为经济利益。相关研究揭示了数据收集对个人隐私的侵害，引发了对信息隐私和社会结构影响的关切。法规如 GDPR 的实施为解决这些问题提供了法律框架，使得个人信息免受滥用。

2）社会公益与技术的结合

技术公司开始认识到技术的社会责任，通过企业社会责任（CSR）理念的扩展，投身于公益事业。AI for Good 等项目是技术公司将社会责任内化的体现，通过技术解决全球问题，增强了公众对企业的信任。这种内化社会责任的趋势不仅有助于提升企业形象，更体现了企业对社会福祉的真实承诺。

3）公众的参与讨论

技术的发展需要公众广泛的参与和讨论，确保技术真正服务于社会。科技评估（TA）理论强调在技术开发初期引入公众意见，通过科技伦理委员会等机构进行监督。欧洲议会科学技术选择和评估委员会（STOA）是在评估新兴科技方面的成功实践，促使技术开发更加透明，确保公众参与，以反映和尊重公众的价值观和需求。

3. 高效利用资源的技术策略

1）技术带来的资源集中化

现代技术如分布式系统和云计算使得资源集中化、共享化成为可能，提高了资源的使用效率。这在云计算平台如 Amazon Web Services 和 Google Cloud Platform 等成功案例中得到了证明，展示了在提高资源利用效率方面的巨大潜力。

2）循环经济与技术的结合

循环经济理念的推广要求在产品设计、制造、使用和回收的每个阶段均需考虑资源的可持续性。生命周期评价（LCA）等工具帮助设计更易于拆解和回收的技术产品，促进了资源的再利用。企业如 PHILIPS 公司的"环保设计"战略是将循环经济原则应用于产品设计的实例，有助于环境保护并提升了企业的资源效率。

3）跨学科的资源管理策略

解决当今世界复杂的资源管理问题需要多学科的合作。智能电网的构想涉及计算机科学、经济学、电气工程和社会科学等多个学科的合作。生物学原理在生物模拟材料和绿色能源领域的应用，如生物降解塑料和生物燃料的开发，展现了跨学科合作在创新和有效资源管理策略中的重要作用。

总体而言，技术与社会、环境的深度融合是当前社会发展的趋势，可持续发展理念已经深刻影响了技术的发展方向。通过环境友好的技术创新、社会责任的内化与技术道德，以及高效利用资源的技术策略，我们有望迎来一个更加全面、持续和有责任心的技术时代。这种技术与社会、环境的共赢关系不仅体现了技术的创新，更是人类社会进步的象征。

9.1.3 技术融合与创新：未来发展的多维驱动力

在 21 世纪的科技革命浪潮中，技术融合与创新不再是一种选择，而是人类生存和社会发展的必然趋势。从微观到宏观、从单一领域到跨学科，技术的边界正在迅速拓展和重塑，为社会和经济带来深刻的变革。本节旨在深入探讨技术融合的多维驱动力，并在全球领先学术成果的基础上，提供对未来发展的洞见。

1. 跨界技术：创新的源泉与助力

1）互补性的技术结合

不同技术的结合基于其互补性，如生物技术与人工智能（AI）的结合为生物信息学领域提供了强大的研究工具。生物技术提供了复杂生命过程的分子级理解，而 AI 通过先进的算法，如深度学习和机器学习，揭示了这些生物过程中的模式和关联性。这种跨界合作不仅推动了新的创新边界，也助力了个性化医疗和精准医学等新兴研究领域的快速发展。

2）技术的加速作用

多技术的融合往往加速整体创新速度。例如，遗传学与计算机科学的结合推动了基因编辑技术的研究。CRISPR-Cas9 技术的成功应用得益于对生物学原理的深刻理解和计算机辅助设计（CAD）技术的应用。这种基因编辑技术的涌现不仅加速了遗传学的研究，还提供了前所未有的治疗遗传性疾病的方法。

3）应用领域的扩展

技术融合伴随着应用领域的不断扩展，例如，生物技术与 AI 的结合不仅在医学领域得到应用，还拓展至农业和环境科学。在农业领域，生物技术可用于培育高产抗病的作物品种，而 AI 技术优化作物种植模式和农业资源管理。这种跨学科的技术应用不仅扩展了技术本身的边界，也为解决全球性问题提供了新的视角和工具。

2. 元宇宙：技术融合的最前沿

1）技术的有机整合

元宇宙作为多种技术（如 VR、AR、AI、云计算等）的有机整合，模糊了虚拟与现实的边界。AI 在元宇宙中的关键角色不仅在于增强用户体验，还通过自然语言处理（NLP）和机器学习（ML）改善了交互界面，为实现虚拟与现实世界的无缝过渡提供了技术支撑。

2）跨领域的交互与合作

元宇宙促进了不同领域和行业之间的合作，例如，在虚拟环境的设计中，建筑师、游戏设计师和心理学家的合作可以创造有益于人们心理健康的虚拟环境。这种跨学科协作为用户提供了沉浸式的环境，有望应用于心理健康领域，如"虚拟现实认知训练"（VRCT）。

3）经济与社会的双重影响

元宇宙可能带动经济的发展，创造新的就业机会，同时对社会产生深远影响，如改变人们的交往方式和推动教育创新。数字孪生技术允许在元宇宙中创建物理世界的精确副本，为新的就业机会提供了平台，如虚拟商品设计和市场营销。同时，数字货币和区块链技术为元宇宙中的交易提供了安全可信的支付手段。从社会角度看，元宇宙可能会彻底改变人类的交际模式，为教育提供新的可能性，如"虚拟学习环境"（VLEs）。

3. 技术融合带来的商业创新

1）以技术为基础的新商业模式

技术进步和融合为企业提供了全新的商业模式，如基于 AI 的个性化推荐系统和区块链技术的供应链管理。AI 技术的广泛应用在个性化推荐系统中得到成功的应用，提升了用户体验和满意度。同时，区块链技术通过提供去中心化的信任机制，为供应链管理带来了革命性的变化。

2）市场的无限扩展

技术融合和发展使市场边界变得模糊，元宇宙中的虚拟土地交易和虚拟时装展示等开创了无边界市场的新维度。在全球化的背景下，跨国公司通过互联网、大数据和通信技术可以实现全球范围的市场扩张。元宇宙为市场开辟了虚拟空间的新维度，彰显了数字资产和服务在全球市场中的潜力。

3）创业的新机遇

技术融合为创业者提供了前所未有的机会，创业者可以在元宇宙、AI 平台、生物技术实验室等新兴领域中探索和实现自己的价值。创业机遇的多样化体现在生物技术领域的 CRISPR-Cas9 基因编辑技术的发展，为创业公司提供了进入个性化医疗和精准治疗市场的机会。在 AI 领域，开放 AI 平台如 OpenAI 提供了工具和接口，促进了 AI 技术的民主化和普及化。

总之，我们正置身于一个充满挑战和机遇的技术革命时代。从技术的精细化到其可持续性发展，再到不同技术的融合与创新，每一步都是对未来更美好世界的构想，特别是元宇宙的崛起为这个未来描绘了一个宏伟的蓝图。为确保在这场技术革命中获得真正的受益，我们需要更为开放的眼光和更为深入的思考。因此，对技术的持续研究和创新是确保人类社会持续繁荣的关键。

9.2 社会变革与适应：数字化转型如何影响社会结构和文明进程

随着数字化的深入渗透，我们站在一个新时代的门槛上，这是一个由元宇宙主导、不断演变的未来社会。彭博社与经济学人的报道都预示着这一变革的来临,而相关的学术研究也为此提供了有力的支撑。

9.2.1 社会结构的演化:元宇宙时代的文明探索

在科技迅速进步的当下,社会结构和人类生活的方方面面都正在经历着深刻的变革。特别是随着元宇宙概念的兴起,我们正亲历一个前所未有的社会演化过程。在这个背景下,对传统概念的理解和定义亟须重新审视。

1. 家庭:从物理空间到心灵纽带的转变

1)空间的重新定义

传统上,家庭被视为一个物理上的空间,成员共同生活在同一屋檐下。然而,元宇宙的兴起使家庭成员能在虚拟空间中聚集,实现真正的情感连接。家庭作为基本社会单位的定义经历了从哈贝马斯的"公共领域"到卡斯特尔斯的"网络社会"等理论的演变。在后现代主义理论中,家庭不再仅是物理空间的象征,而是转变为情感和社会互动的空间。通过元宇宙,家庭成员即便不在同一物理空间,也可以在虚拟世界中重新定义家的概念,通过虚拟实体的互动,构建新的"家"的形态和感知(鲍德里亚的"拟像与仿真"概念)。

2)情感连接的加深

元宇宙提供的多元互动方式,如虚拟旅行、在线家庭聚会等,加深了家庭成员之间的情感连接,打破了物理距离的限制。元宇宙为家庭成员提供了超越传统物理限制的沟通方式,符合 Meyrowitz 的"媒介"理念。通过共享虚拟体验,例如在元宇宙中的虚拟旅游或在线聚会,家庭成员之间的情感交流得以增强。这一现象在心理学中可以通过电子亲密度(e-intimacy)理解,即通过数字媒介传达情感和亲密感,弥补物理分离带来的情感空缺。

3）文化传承的创新

在元宇宙中，家庭成员可以共同参与、体验和重塑家族的历史和文化，使文化传承更为生动和有意义。在元宇宙中，家族的历史和文化可以通过新的数字媒介得到传承。这与"数字遗产"（digital heritage）的概念紧密相关，家庭可以利用数字化手段保留和展示家族的记忆、传统和价值观。例如，通过构建虚拟博物馆或家族史谱，使家族成员即使分散在世界各地，也能共同参与和体验家族的文化传承。案例研究表明，虚拟世界平台如 Second Life 已被用来创建个人和集体的记忆空间，允许用户以创新的方式进行文化表达和共享。

2. 工作：打破时空界限，重塑职业生态

1）工作模式的灵活性

随着虚拟办公和远程协作技术的成熟，传统的 9-5 工作模式正逐渐被打破。员工可以根据自己的时间和地点进行工作，提高工作效率和生活质量。在信息时代背景下，传统的工作模式正在被更为灵活的模式所替代。这一转变得益于信息通信技术（ICT）的飞速发展，支持了以往地理和时间上无法想象的灵活工作模式。根据艾伦·菲利普斯和迈克尔·奥尔森的时间地理学理论，ICT 使得员工能在任何时间、任何地点进行工作，但这也带来了认知负荷的调整，要求员工在保持生产力的同时，管理工作与生活的界限。远程工作的认知负荷研究表明，灵活工作环境要求更高的自律性和时间管理能力。

2）全球化合作

元宇宙使得跨地域、跨文化的合作变得前所未有的简单。专家、团队和企业可以在元宇宙中快速集结，共同解决全球性的问题。元宇宙的兴起为跨地域、跨文化的合作提供了新平台。根据曼纽尔·卡斯特尔斯的网络社会理论，元宇宙构成一个新型的社会结构，其中资源、信息和社会互动在全球网络中重新分配和组织。此外，实证研究如 Thomas W. Malone 等的集体智慧理论强调了在这种网络中，群体能够通过合作超越个体的局限，共同创造出创新解决方案。具体案例包括分布式团队使用 Slack 和 Trello 等工具进行项目管理，以及通过 Zoom 和 Microsoft Teams 进行远程头脑风暴。

3）职业身份的转型

在元宇宙中，人们的职业身份不再仅基于他们的工作职责，而更多地基于他们的兴趣、技能和贡献。在虚拟世界中，职业身份的构建变得更加多元和动态。根据吉登斯的身份理论，现代社会的个体通过不断选择和自我表达构建自己的身份。在元宇宙环境中，个人可以根据自己的兴趣、技能和贡献在虚拟世界中塑造和发展职业身份。例如，虚拟世界 Second Life 中的居民就能创造出完全不同于现实世界的职业身份，展现了新的个性化职业路径。这些职业身份的转型还反映在 LinkedIn 等职业社交网络上，个人可以根据不断发展的技能和经验更新他们的职业概况，与全球雇主和同行建立联系。

3. 休闲：从消遣到深度体验

1）多元化的休闲活动

元宇宙为人们提供了丰富多样的休闲选择。不仅有传统的音乐、艺术活动，还有各种创新的虚拟活动，如虚拟探险、历史重现等。元宇宙提供的休闲活动可从文化研究的角度进行深入分析。根据约翰·赫斯金斯在《设计：经济、文化和历史》中对设计和文化关系的阐述，元宇宙中的休闲活动不仅是消遣，它们是设计和技术相结合的产物，这些设计能够反映和塑造文化价值。例如，虚拟探险和历史重现不仅是新的休闲形式，也是人们体验和学习历史的新途径。这类活动还可以从严格的心理学角度进行探讨,如通过 Csikszentmihalyi 的流动理论分析人们在深度休闲体验中的心理状态。

2)社交的深度化

在元宇宙中,社交不再仅是简单的交流,而是一种深度的情感体验和共鸣。在元宇宙中的社交深度化可以利用社交心理学理论解释。例如,根据霍夫曼等的研究,虚拟环境提供的沉浸式体验可以增强人际互动的质量和情感深度。在元宇宙中的社交活动,如共同体验虚拟音乐会或艺术展览,可以创造出与现实世界中不同的共情和归属感。这种社交的深度化有望重塑人际关系的本质,打造更为紧密和有意义的社区联系。

3)教育与娱乐的结合

休闲活动在元宇宙中往往结合了教育和娱乐元素,使得人们在享受乐趣的同时,也能获得知识和启示。元宇宙中休闲活动与教育的结合反映了教育心理学中的情感学习理论。情感学习理论认为,学习不仅是认知过程的积累,更是情感体验的结果。在元宇宙的环境中,教育性的游戏和模拟活动不仅提供了娱乐,也利用情感激发加强了学习效果。例如,模拟历史事件的游戏可以增进学生对历史的兴趣和理解。实际案例如 Klopfer 和 Squire 的"扩增现实游戏"研究表明,结合现实世界情境的游戏设计可以极大地增强学习体验的深度和参与感。

综上所述,元宇宙不仅是一个技术概念,更是一个深刻影响社会结构和人类生活的力量。我们需要深入探索、理解和利用这一力量,以实现更为和谐、创新和有意义的未来。

9.2.2 文化与价值观的演化

在科技飞速发展和全球化深入推进的今天,人类社会正在经历着前所未有的文化和价值观的大变革。在数字化和元宇宙等趋势的推动下,传统与现代、物质与虚拟、个体与群体之间的关系正发生着深刻的转变。

1. 数字文化的崛起

1)多元文化的交融

在元宇宙的背景下,各种文化背景、历史传统和社会习俗在同一平台上得以交融。这使得文化的交流和互动成为可能,呈现出多元文化的新面貌。这一现象可视为后现代主义文化理论中的实证研究,体现了社会结构与个体行动之间的脱节现象。东西方艺术在虚拟空间的结合,可以通过符号学家斯图尔特·霍尔的编码/解码模型进行深入分析,探讨信息在不同文化间的传播和被重新解释。

2)传统文化的数字化呈现

通过 VR、AR 等技术,传统文化以更直观和互动的方式呈现。以故宫和卢浮宫的数字化项目为例,数字化过程中文化资产的保存、传承和创新将深受维姆·韦尔斯特的文化遗产数字化理论启发。这些项目不仅提升了文化教育和普及水平,也引发了数字再现与实体文物关系的伦理和美学问题。

3)文化传播的无界限性

数字空间打破了地理、时间和空间的界限,使得文化传播变得无处不在、无时不有。这一无界限性可从马歇尔·麦克卢汉的全球村理念进行阐述,数字空间内的文化传播可被视为一种"全球化的亚文化扩散"现象。流动性文化研究理论则可用来探索文化在数字空间中的传播和流动,以及这种流动性如何改变文化的本质和意义。

2. 价值观的深度转变

1)从物质到精神

在元宇宙中,虚拟财产逐渐被关注,但更为显著的是人们对情感连接、共同虚拟经历和精神成长的重视。这反映出波斯特现代理论中的转变,即社会进入一个新阶段,人们开始追求个人经验和情感表达。个体情感连接和精神成长的追求可被视为个体在社会系统中的自我实现和认同构建。

2）个体与群体的互动

元宇宙强调了个体与群体之间的互动,促进了共同体意识的形成。虚拟音乐节作为一个共同体验,可用象征互动理论解释,即人们通过共享的符号和经验形成群体意识。Erving Goffman 的表演理论可用于分析在虚拟环境中的社交互动,其中个体社交行为被视为一种表演,而元宇宙提供了一个舞台,人们在这个虚拟环境中表演自我,建立社交关系。

3）价值观的全球一体化

由于元宇宙的无界性,各种文化和价值观在此得以交流和融合,形成一种更加包容和多元的全球价值观。这与阿明·马鲁夫的全球化理论相契合,强调文化的全球传播是复杂且多向的。在元宇宙中,文化和价值观的交流和融合是一个多维度的、双向的或多向的互动过程。Roland Robertson 的全球化理论强调了全球一体化与地方特色之间的相互作用,对于理解元宇宙中的文化融合尤为重要。

3. 伦理挑战：新时代的探索与反思

1）隐私与安全

在元宇宙中,个人数据和隐私安全成为重要议题。如何在数字便利的同时保障个人隐私,是技术和伦理的双重挑战。Lessig 的"隐私之死"论点指出,在信息时代,传统的隐私观念受到挑战。Daniel Solove 的"信息自决权"理论为个人信息控制权提供了理论支持,但在元宇宙这一全新领域中,这种控制权的实现机制仍需深入研究。

2）数字身份与真实身份

在元宇宙中,人们可能拥有多个虚拟身份,引发了关于真实性、诚信和道德责任的讨论。通过 Saul Aaron Kripke 的身份哲学和艾维·马尔高斯的"认证性"概念，可以深入探讨虚拟世界中的身份建构和真实性的追求。然而，多重虚拟身份与真实身份之间的相互作用和潜在冲突仍需通过实证研究进一步验证和探讨。

3）技术的伦理责任

面对元宇宙带来的机会与挑战，技术企业、政策制定者和用户都需要对其行为承担伦理责任，确保技术发展健康和可持续。在技术伦理责任方面，Anthony Giddens 的"后现代性"理论指出了技术发展所带来的双重性，但如何将全社会的责任具体化，并落实到具体的技术企业、政策制定者和用户之间，仍是一个开放性问题。Lucy Stillman 的"责任伦理学"提出了关照他人的伦理原则，对于建立元宇宙中的伦理框架有重要启示，但在实际操作中如何平衡创新与责任之间的矛盾，还需深入研究，通过案例探讨。

综上所述，数字化和元宇宙为人类带来无尽的可能性，但同时也伴随着伦理和道德的挑战。如何在这样的背景下塑造一个健康、和谐和可持续的文化与价值观，成为每个人需要思考和努力的方向。

9.2.3　元宇宙的社会影响

元宇宙作为新兴的虚拟空间范式，随着技术进步和互联网的广泛应用，正逐渐塑造着全球社会结构、价值观和生活方式。本节从元宇宙对学习与合作的影响、国际合作新模式、经济增长的驱动力，以及社会潜在风险等方面展开探讨。通过借鉴经典教育理论、跨文化管理理论和经济学家的研究，下面深入分析元宇宙对知识民主化、国际合作和经济活动的积极影响。

1. 元宇宙对学习与合作的积极影响

1）知识的民主化

元宇宙为全球学习提供了无界空间，消除了地理和文化的障碍。基于 John Dewey 的"学习通过经验"理念，元宇宙不仅是技术产品，更是一种实现文化资本累积和交换的平台。通过联合国教科文组织（UNESCO）支持的虚拟学校项目，元宇宙正在推动教育全球普及和平等。

2）国际合作的新模式

元宇宙创造了跨越国界的合作机会，为企业、学校和研究机构提供了便捷的国际合作平台。跨文化管理理论的视角揭示了元宇宙如何促进不同文化背景个体的交流与协作。案例研究如国际空间站（ISS）的虚拟合作实验室展现了元宇宙在全球研究项目中的潜在能力。

3）经济增长的驱动力

元宇宙可能成为未来经济增长的引擎，尤其在内容创作、虚拟商品交易和服务领域。以经济学家 Paul Romer 的新增长理论为基础，元宇宙中的内容创作和知识产权被视为"非物质资产"，在网络外部性显著的环境中产生倍增效应。实证案例如 Second Life 平台和 Fortnite 证明了元宇宙通过虚拟经济活动创造真实价值的潜力。

2. 元宇宙的潜在社会风险

1）数字鸿沟的加剧

尽管互联网技术普及，但元宇宙的使用可能加剧数字鸿沟。通过奥利弗·威廉姆森的交易成本经济学理论，我们深化理解在元宇宙背景下技术存取不平等可能加剧交易成本，进而扩大数字鸿沟。

2）社会心理健康的威胁

沉迷于元宇宙可能导致社交障碍、焦虑和孤独感，尤其是青少年群体。通过社会认知理论,我们探讨了元宇宙对心理健康的潜在影响。Sherry Turkle 的"孤独的联结"概念强调了技术如何改变人际互动和心理状况,而青少年在网络游戏和社交媒体中的使用模式也带来了社交风险。

3)数据安全与隐私问题

元宇宙的存在引发了大量个人数据的伦理和法律问题。通过 Lessig 的"代码即法律"理论和 Solove 的信息隐私税,我们探讨了技术框架如何塑造数据治理。布鲁斯·施奈尔的关于数据监控和安全的著作以及 Facebook 的数据泄露事件为我们提供了对数据安全问题的深入洞察。

3. 确保元宇宙发展的公平性与包容性

1)公共政策的支持

政府需要制定相应的政策和法规,确保技术的普及,减少数字鸿沟。借鉴罗纳德·科斯的社会成本理论和阿玛蒂亚·森的"发展作为自由"理论,政策制定应该注重外部效应和交易成本对社会资源分配的影响。欧盟的"数字单一市场"战略和"数字包容性"行动计划为典型政策案例。

2)技术企业的社会责任

作为技术的推动者,企业需认识到其社会责任,确保技术发展公正与公平。企业社会责任(CSR)理念强调了在追求利润的同时要对社会和环境负责。以 Milton Friedman 的观点为基础,企业应当考虑公正理论,致力于推动技术进步惠及每一个社会成员,特别是那些处于不利地位的群体。例如,谷歌公司的 AI for Social Good 计划就是企业社会责任的成功案例。

3)公众教育与培训

教育机构需要加强公众教育,帮助人们健康、安全地使用元宇宙。

借鉴 Pierre Bourdieu 的文化资本理论，元宇宙的教育项目应该设计得更具包容性，以克服文化和社会资本的差异。UNESCO 关于信息和通信技术在教育中的使用以及 MIT 媒体实验室的 Scratch 计划为成功的项目案例，通过技术提高全球教育水平。

总体而言，元宇宙不仅是一项技术产品，更是正在深刻改变社会、文化和价值观的现象。面对挑战与机遇时，全社会需要共同努力，确保技术的健康与可持续发展。这不仅是对技术的理解与适应，更是对构建一个公正、和谐新世界的共同责任。

9.3 知识体系的新构建：哲学与科学在元宇宙中的融合

元宇宙不仅是技术的产物，它更是一种全新的思维平台，为哲学与科学的交融开辟了新的领域。彭博社和经济学人的分析揭示了这一新时代的特点，而各大学术机构的研究则为此提供了坚实的理论基石。

9.3.1 元宇宙中的认知哲学

元宇宙作为当代哲学和社会科学研究的关键焦点，不仅是技术创新的体现，更是对传统认知关于现实、身体和知识的挑战。本节将从现实与虚拟、身体与意识、知识的获取与传播 3 方面系统深入探讨元宇宙的认知哲学。

1. 现实与虚拟：重新定义我们的存在感知

1）感知的相对性

传统对现实的定义常基于物理存在，然而，随着虚拟技术的进步，虚拟空间中的体验变得越发真实，挑战了我们对"现实"的理解。从哲学的角度看，感知一直以来都受限于我们的感官。现代技术进一步推动了这一辩论，例如虚拟现实技术所产生的沉浸感对"现实"的直观理解提出了挑战。同时，"虚拟真实性"概念阐释了在没有物理接触的情况下如何体验"存在"。心理学实验室使用虚拟现实治疗恐惧症的案例研究展示了虚拟体验在情感和生理上的真实影响。

2）认知框架的变革

传统强调物理与数字的分离，然而，数字技术的发展导致两者之间的边界模糊。认知科学家如 George Lakoff 和 Mark Johnson 指出，人类的概念系统基于身体经验和心理构造。数字环境的发展改变了我们的认知框架，数字双生理论通过模糊物理与数字之间的界限，为这种变革提供了技术体现。以西门子通过数字双生优化生产流程的实例展示了这一变革的实际应用。

3）社会结构的重塑

在元宇宙中，社会形成和发展不再受限于物理空间，导致传统的社会结构和关系转变。社会学家如 Manuel Castells 在《网络社会的崛起》中讨论了信息时代如何改变社会结构，而元宇宙是这一变革的延伸。社会资本理论家如 Robert D. Putnam 研究了技术如何改变社会关系和集体行动。在元宇宙中，虚拟社区的社会支持系统弥补了现实世界社会网络的缺失，证明了元宇宙对社会结构的实际影响。

2. 身体与意识：探索"去身体化"的存在

1）身体的边界

在元宇宙中，我们可以体验到与身体完全脱钩的存在，重新思考身体的限制与可能。哲学家如梅洛-庞蒂深入探讨了身体与知觉的关系。在元宇宙的背景下，身体与意识的界限被重新审视。心理学家和神经科学家研究虚拟现实中的"脱身体体验"及其对自我感知和身体感知的影响，揭示了身体边界的可塑性。例如，Olaf Blanke 团队在 EPFL 的研究中通过虚拟现实技术诱发了脱身体体验，探索了身体感和认同感的神经基础。

2）意识的延伸

在元宇宙中，"我"的认知得到新的解释。我们的意识可以独立于身体存在和互动。Antonio Damasio 在《自我意识的错觉》中探索了"我"的认知问题，并对意识的生物学基础进行了阐述。在元宇宙环境中，这一讨论扩展到了数字身份和网络表征的领域。通过虚拟现实，研究者如 Jeremy Bailenson 等在斯坦福虚拟人类交互实验室对意识和自我在虚拟空间的呈现进行了实验性研究，揭示了在这样的空间中意识如何超越肉身限制。

3）生命与存在的哲学

元宇宙为我们提供了研究生命、意识和存在的新空间，催生了关于人类本质的哲学讨论。哲学家如 Nick Bostrom 提出了模拟现实论，可能提供理论基础来探讨在元宇宙中生命与存在的问题。在这个新的空间，我们可以探讨永恒回归的概念，将其应用到数字存在的无限可能中。案例分析可以包括对虚拟世界中社会互动和个体存在的研究，这些研究挑战了传统的生命和存在观念，展示了数字化身体如何在没有生物学限制的情况下表达人类的存在。

3. 知识的获取与传播：向模拟与实验的转变

1）知识的非线性演进

元宇宙中知识获取更像一个动态、非线性的过程，与传统线性学习路径不同。本研究借鉴了 Argyris 与 Schön 的"双环学习"理论，强调在学习过程中对核心假设的反思和修改是不可或缺的。这与元宇宙中学习者通过多维互动和立体反馈获取知识的过程相契合。深度学习和机器学习技术在复杂系统模拟中的应用为理解元宇宙学习环境提供了新的理论支撑。游戏化学习平台如 Minecraft 和 Roblox 的案例分析证实了这一非线性学习环境在编程教育中的有效性和吸引力。

2）实验性学习

不再仅通过文字和图像，而是通过模拟和实验学习。实验性学习理论，特别是 Kolb 提出的"经验学习模型"，在本研究中用来探讨元宇宙中的学习方法。以虚拟现实和增强现实技术在医学教育中的应用为例，模拟手术训练中使用的 VR 技术提升了学习的直观性和互动性。MIT Media Lab 在元宇宙平台上对复杂科学概念进行的实验性教学，验证了此种模式对促进深度学习的有效性。

3）社交化的知识传播

在元宇宙中，知识传播不再是单向的，而是在社交互动中发生，这也让学习变得更为有趣和吸引人。社会互动在学习过程中发挥着至关重要的作用。依托 Vygotsky 的社会发展理论，尤其是"最近发展区"概念的启示，本研究探讨了在元宇宙中知识传播的社交化趋势。通过社交媒体和协作工具进行的知识共享和学习活动促进了学习者之间的互动与合作，从而深化了知识理解，促进了创新。例如，Second Life 中的虚拟大学课程以及其上形成的学术社群，成为知识传播和协同学习的典范。

综上所述，元宇宙不仅是技术创新，更是一个哲学和认知的变革。在这个新时代，我们需要不断重新审视和思考我们对现实、身体和知识的认识。

9.3.2 科学的新方法论

在当前技术背景下，科学研究方法和方法论正经历一场前所未有的革命。元宇宙的兴起为科学界带来前所未有的机遇和挑战，推动了现代科学方法论的演进。本节将深入分析元宇宙如何重塑了现代科学的方法论，着重探讨跨学科的合作、数据驱动的研究，以及虚拟实验室的应用。

1. 跨学科的合作：打破传统界限，催生创新思维

1）学科交融的趋势

传统学科的界限逐渐模糊，多学科合作成为科学研究的主流。元宇宙的设计与发展需要社会学、心理学和计算机工程等多个领域的知识融合。以 Broad Institute 为例，该研究成功整合了生物学、计算机科学和化学等学科，推动了基因组学等领域的突破性进展。

2）问题导向的研究

在元宇宙中，问题的复杂性超越单一学科的范畴，需要综合多学科的知识。问题导向的研究方法要求从不同学科中汲取理论和方法，共同应对挑战。例如，全球气候问题需要环境科学、政治学、经济学和工程学等多学科的知识相互融合，这体现在《联合国气候变化框架公约》（UNFCCC）下的跨学科研究中。

3）交叉创新的案例

神经科学与计算机科学的交叉合作催生了脑机接口等前沿领域。例如，Neuralink 公司通过神经科学的理解和计算机科学的算法结合，致力于开发高级脑机接口，有望改变人类与机器互动的方式。这种合作推动了精神疾病治疗、意识研究和人工智能的进步。

2. 数据驱动的研究：挖掘深层次的认知与行为规律

1）海量数据的获取

在元宇宙中，每一次互动和行为都可能被记录，形成庞大的数据集。数据获取成为科研的基石，如 Gary King 所说的"大数据不是时尚，而是一场革命"。用户在虚拟环境中的互动、点击、视线追踪等行为成为可分析的数据点，通过分析这些数据，研究者可以建立心理学和行为学的预测模型，揭示认知过程和决策机制。

2）深度学习与模式识别

先进的算法使科学家能深入挖掘数据中的规律。深度学习和模式识别技术能识别和预测复杂的行为模式，如 AlphaGo 通过学习围棋数据挖掘高水平围棋策略的新模式。社交网络分析中的图神经网络也成为理解网络动态变化的有力工具，揭示了人类群体行为的复杂性。

3）数据伦理的探讨

随着数据采集的普及，数据伦理问题凸显。数据采集、处理和使用的伦理问题成为科研不可回避的议题。法规如《通用数据保护条例》要求尊重用户隐私，同时伦理学家和数据科学家正在共同努力建立科学的数据伦理标准，确保数据研究在尊重个人隐私的同时为社会带来积极影响。

3. 虚拟实验室：开启科研的新纪元

1）模拟与现实的边界

元宇宙中的虚拟实验室能建立复杂的模型，模拟真实世界的规律，同时探索尚未发生的可能性。这些模型基于量子物理理论和计算流体动力学等经典理论，用于模拟微观到大尺度的物理现象，并通过代理模型预测新材料或药物的性质。

2）提高实验效率

虚拟实验室相对于传统实验室能更快速、低成本地进行试验、复制和分享。在经济学和医学领域，通过虚拟实验室进行代理模型和计算实验，科学家能在没有实际成本的情况下模拟和测试市场机制、预测新药效果等。

3）推动科学的民主化

在元宇宙中，不仅科学家，普通用户也可以参与科研实验，实现了科学研究的民主化。公民科学项目如 Zooniverse 让全球志愿者参与数据分析和研究，促进了天文学、生物学等领域的科学发现。

综上所述，元宇宙正在推动现代科学方法论的演进，为科学研究提供了新的工具和提出了新的问题。科学家需要不断创新思维、开放合作，以充分利用这个新时代的机遇。

9.3.3 伦理学在元宇宙中的应用

随着数字技术的高速发展，元宇宙作为一个多维度、跨学科的新兴领域，已经深刻影响了我们的生活、工作和休闲方式。然而，这个数字新纪元同样为我们带来一系列伦理挑战。在这样一个新的领域中，伦理问题不再是抽象的、仅限于学术讨论的议题，它关乎每一个个体的权益、自由和选择。下面将深入探讨元宇宙中的伦理学应用。

1. 隐私权与自由：权益的保障与挑战

1）数据无处不在

在元宇宙中，每一次点击、每一次互动，甚至每一个眼神移动，都可能被捕获并转换为数据。这些数据揭示了用户的习惯、兴趣，甚至心理状态。心理学角度，这类数据类似 John Bargh 等心理学家的"隐形认知"研究，揭示了人们在不自觉情况下是如何做出决策的。在计算机科学中，用户行为分析（UBA）通过捕获和分析微妙的行为模式，预测用户的未来活动和偏好。

2）数据的双重性

数据的双重性体现在个性化服务和用户体验优化与隐私泄露风险之间的平衡。以 Shoshana Zuboff 的"监控资本主义"理论为基础，元宇宙中的数据成为商品，用户行为和偏好成为可买卖的资产。这种数据的挖掘和使用，可能导致用户处于被动，如 Cambridge Analytica 事件揭示的那样，个人信息被用于操纵选举结果，再次强调了数据使用中的伦理难题。

3）伦理与法律的跟进

在数据保护方面，法律往往滞后于技术发展。元宇宙的开发者和经营者需要具备强烈的伦理责任感，确保在没有明确法规的情况下，也能尊重并保护用户隐私。Luciano Floridi 提出的"信息伦理学"探讨了在缺少具体法律指导的情况下保护用户的数据隐私。同时，苹果公司在产品中实行的隐私保护措施是企业可以承担起保护用户隐私责任的实践案例。

2. 技术的双刃剑性：权力与责任

1）元宇宙的沉浸体验

由于元宇宙提供了高度沉浸的体验，因此用户可能出现过度依赖，甚至成瘾等问题。VR 和 AR 技术通过激活神经塑性原理，重新编排用户对现实的认知，增加了虚拟环境的吸引力。这种强烈的沉浸感可能引发用户的心理依赖，甚至数字成瘾。FOMO 理论指出，这种沉浸感可能导致一种新型的数字成瘾，类似对社交媒体的依赖。

2）社交隔离的风险

尽管元宇宙为跨地域的用户提供了社交平台，但过度沉浸在虚拟世界可能导致与现实社交隔离，甚至影响心理健康。在元宇宙环境中，用户可以通过虚拟形象进行全球范围内的互动，但这种交流可能缺乏现实生活中非言语沟通的丰富性，如肢体语言和眼神交流，可能导致现实社交技能退化，以及社交焦虑和孤独感加剧。

3）制约与平衡

元宇宙的设计者和经营者不仅要追求利润，还要关注用户的心理健康和社会责任，确保技术带来的利益和潜在风险之间达到平衡。设计这些系统时,应当参考"人本设计"原则与 ACM 的伦理和专业行为守则,关注用户福祉并采取措施以预防成瘾和社交隔离现象。Emanuel Kant 的道德哲学中的"目的论"强调了在追求利润的同时,不应忽视用户的权益和福祉。

3. 价值观的多样性:共生与和谐

1)文化的碰撞与融合

元宇宙汇聚了全球各地的用户,体现了 Jurgen Habermas 关于公共领域的理论,即不同背景的人在一个共享空间进行自由交流和讨论的场所。这种文化交流和碰撞在元宇宙中尤为显著,包括语言、文字、虚拟代理人(avatars)、建筑和艺术作品等多种表达形式。在此背景下,Clifford Geertz 的"厚描述"概念可应用于理解元宇宙中的文化符号和行为,鼓励用户深入探索背后的文化含义。

2)尊重与包容

在这样一个多元文化的环境中,如何确保每一种文化和每一个群体都得到尊重和理解,是元宇宙社区建设的重要议题。Charles Taylor 的"承认"的概念强调了对每个个体和群体的独特性的认可是社会正义的关键部分。在元宇宙中实现这一点需要设计细致入微的社交规则和准则,如同 Amy Gutmann 在《民主教育》中提倡的包容性政策,以确保在文化多样性的同时避免出现边缘化。

3)伦理的引导

元宇宙的管理者和参与者都需要树立正向的伦理指引,促进文化交流,减少误解和冲突。元宇宙平台的伦理指引需要参考全球伦理多样性原则,比如联合国教科文组织在《全球伦理宣言》中提出的普遍价值观。管理者和参与者应建立起类似"虚拟共同体伦理守则",借鉴 Lawrence Kohlberg 的道德发展阶段理论,促进成员之间在文化尊重和道德认同上的成长,从而有效减少误解和冲突。

  总之,面对元宇宙这一新领域,我们需要重新审视伦理的重要性,并在实践中不断探索和完善,确保技术为人类带来的是真正的福祉,而不是未知的风险。元宇宙为哲学与科学提供了一个全新的交融平台,在这个平台上,我们不仅可以深入探讨人类的存在和认知,还可以找到科学研究的新方法和伦理问题的新答案。面对这样一个充满挑战与机遇的新世界,我们需要持续地学习、思考和创新。

第 10 章

元宇宙治理与可持续未来

10.1 技术反思：从元宇宙角度审视技术发展的历史与未来

当我们提及文明的演进，往往会想到火的发现、工业革命，或是电子计算的奇迹。现今，随着元宇宙的崛起，我们似乎站在了另一个历史的分水岭上。彭博社和经济学人的深度分析显示，技术与文明的关系已经进入一个前所未有的紧密阶段。而对此的学术探索也日益丰富，为我们提供了更加宏观的思考视角。

10.1.1 技术的力量与责任

在人类发展历程中，技术作为一个核心要素，早已超越单纯的工具或手段，而在文明演进中扮演了推动者与塑造者的双重角色。本节将通过深入探讨技术的双重角色、技术与社会文明的关系，以及技术带来的伦理责任，展望技术面临的未来挑战，旨在提供对技术与社会关系的全面理解。

1. 技术的双重角色

1）历史中的技术创新

技术的发展在历史上一直是社会结构和经济模式演变的主要推动力。例如，在农业时代，杰斯罗·图尔的播种机显著提高了农作物产量，推动了生产效率的革命。Joel Mokyr 在 *The Levers of Riches: Technological Creativity and Economic Progress* 中指出，农业技术的进步促使了从封建制向资本主义的宏观经济动力转换。

工业时代的技术变革更是深刻。詹姆斯·瓦特对蒸汽机的改良标志着生产力的新纪元。罗伯特·艾伦在 *The British Industrial Revolu-*

tion in Global Perspective 中阐述，蒸汽机技术的普及为工业化提供了基础动力，重塑了社会阶级结构和经济规模。

在信息时代，互联网的兴起全方位地冲击了社会。Manuel Castells 在 *The Information Age* 中指出，互联网成为这一时代最重要的基础设施，重新定义了经济活动的本质和全球化的趋势。互联网大幅降低了信息传播成本，促使电子商务和社交媒体等新兴社会运动和商业模式的诞生。

印刷技术的发展对文化与社会结构也产生了深远影响。古腾堡的印刷术减少了书籍的复制成本，加速了知识传播的速度。伊丽莎白·艾森斯坦在 *The Printing Revolution in Early Modern Europe* 中指出，印刷技术促进了文艺复兴时期的知识扩散和批判性思维的兴起，为科学革命和启蒙运动奠定了基础。

通过分析这些历史案例，我们得出结论：技术发展与社会结构、经济形态和文化观念的关系错综复杂，技术创新不仅塑造了物质生活条件，也深刻影响了社会组织和文化认知，成为推动历史发展的重要力量。

2）技术进步与社会文明

技术进步与社会文明的发展是相互依存、相互作用的。纵观历史，技术发展在推动文明前进的历程中发挥了决定性作用。技术决定论认为技术是社会结构和文化变化的核心动力。梅尔文·克兰兹伯格提出的"技术既不是好也不是坏；也不是中性的"法则指出了技术在社会发展中扮演的复杂而多面的角色。

以移动互联网为例，Manuel Castells 在他的网络社会理论中探讨了技术如何引发"时空压缩"。移动互联网技术重构了信息传播途径，对人际交流方式产生了深远影响。社交媒体的兴起如 Facebook 和微博重塑了人们的社交网络结构，影响了个体的社会资本构成和社会动力学的变化。

在学术研究方面，Baron 和 Sellen 的研究表明，移动通信技术的发展使得人们能跨越传统的时空限制进行沟通，导致工作和私生活界限日益模糊。智能手机和各类应用程序的普及使社会从媒体同步性向异步性转变，从面对面的直接交流转向虚拟的在线互动，这些转变根本性地改变了社会互动的质量与性质。

在日常生活层面，物联网技术（如可穿戴设备和智能家居）的发展改变了人们管理健康、家庭安全以及对环境控制的方式。Diane E. Bailey 和 Paul M. Leonardi 的研究指出，技术的普及和渗透促使我们进入一个被动数据收集与主动行为干预共存的新时代。

综上所述，技术的发展不仅是推动社会文明前进的重要催化剂，而且是重构社会组织结构和人类生活模式的关键力量。技术突破引发了社会结构的变革，塑造了新的文明范式，并对社会的运作方式和个体的生活方式产生了深远的影响。

2. 文明的逆反馈

1）技术与环境问题

然而，技术的迅猛发展也伴随着对环境的巨大冲击，引发了文明的逆反馈。全球气候危机凸显了技术与环境的相互依存关系，使我们不得不重新审视技术创新对生态平衡的负面影响。

在这一背景下，可持续发展成为解决技术发展与环境保护之间矛盾的关键。丹尼尔·C. 埃斯特林等在 *Environment: Science and Policy for Sustainable Development* 中强调，技术创新应当注重绿色科技和清洁能源的研发，以减缓气候变化对地球的不可逆损害。可再生能源技术的发展成为关键所在，不仅需要技术本身的创新，也需要政府、政策的积极推动。

2）政策影响技术创新

政府、政策在技术发展中扮演了关键角色，影响着技术创新的方向和速度。全球范围内，对环境问题的关注推动了一系列政策的出台，旨在引导技术创新走向可持续的方向。欧盟的《欧洲绿色协议》是一个典型的例子，提出了到2050年实现碳中和的宏伟目标，并通过资金支持和法规制度推动清洁技术的发展。

我国政府也通过《中华人民共和国可再生能源法》等法规推动技术创新和可持续发展。在智能交通领域，政府出台的政策和投资计划为自动驾驶技术的研究和应用提供了有力支持。政策的引导作用不仅在技术方面发挥作用，在社会经济层面也推动了相关产业的兴起与发展。

总体而言，技术的发展与环境问题之间存在相互制约的关系，而政府的政策则成为调和双方关系的重要纽带。在环保意识日益增强的今天，可持续发展的理念将对技术创新产生更为深远的指导作用。

3. 技术带来的伦理责任

1）人工智能与道德判断

随着人工智能的发展，伦理责任成为技术创新的重要议题。机器学习和深度学习等技术的广泛应用，使得机器具备了某种程度的"决策"能力。然而，这也引发了人工智能与道德判断之间的困境。

由于算法的复杂性和黑盒性，机器的决策过程难以解释和理解，给伦理评估带来了困难。提出伦理运算框架成为摆在我们面前的紧迫问题。Alan Winfield 等在 *Towards an Ethical Robot: Internal Models, Consequences, and Ethical Action Selection* 中提出，伦理运算框架应当包括对机器内部模型的解释、行为后果的考量和基于伦理准则的行为选择。这为解决机器道德困境提供了一个具体的方案。

2）数据隐私与权利

在信息时代，数据成为技术创新的核心驱动力，但数据的使用也引发了一系列伦理问题，特别是涉及个体隐私和权利的问题。随着大数据的兴起，数据的收集和分析变得更加深入和广泛，对个体隐私构成了潜在威胁。

在欧洲，《通用数据保护条例》（GDPR）的实施为保护数据隐私提供了法律框架。《加州消费者隐私法案》（CCPA）在美国也对数据隐私做出了类似的法规规定。然而，随着元宇宙等新兴技术的兴起，对虚拟空间中的个人数据隐私的保护也成为一个新的挑战。

4. 面对技术的未来挑战

1）技术的失控与风险

技术的快速发展带来一系列的挑战和风险，其中之一是技术的失控。生物技术、人工智能等新兴领域的发展使得技术越来越超越我们对其影响的理解和控制。安全性和伦理问题日益凸显，对技术的合理规范迫在眉睫。

生物技术领域的发展引发了对生命伦理的深刻思考。合成生物学和基因编辑技术的出现使得人类对生命的定义和界定面临前所未有的挑战。Paul Rabinow 和 Gaymon Bennett 在 *Designing Human Practices: An Experiment with Synthetic Biology* 中提出，我们需要跨学科的研究和全球范围的合作，构建起对生命伦理的共识，以规范和引导生物技术的发展。

2）技术的社会不平等

技术的发展也带来社会结构的变革，但这种变革并非均衡。技术一定程度上加剧了社会的不平等。从数字鸿沟到人工智能算法的偏见，技术的应用往往在一些群体中产生更显著的利益，而在另一些群体中引发更深刻的不公平。

南希·弗雷泽在 Digital Futures，Digital Transformation，and the Digital Divide 中提到，数字鸿沟不仅是技术获取和使用的问题，更是社会机会和资源的不平等问题。因此，我们需要在技术创新中引入社会公正的理念，通过政策和实践手段弥补技术带来的不平等影响。

总而言之，技术与社会文明的关系是一场复杂而持久的互动。技术的发展推动了社会结构的演进，塑造了文明的新面貌。然而，技术的应用也带来一系列伦理和社会问题，需要我们在推动技术创新的同时，审慎思考其潜在的影响，并采取措施引导技术走向可持续、公正、安全的方向。在未来的道路上，我们需要更加注重跨学科合作，充分发挥全球合作的力量，共同探索技术与社会的可持续共荣之道。

10.1.2　从火的发现到元宇宙的构建

技术与文明的交融是人类历史中的一场宏大演进，每一次技术的突破都在历史长河中刻下深刻的印记，为人类社会带来全新的生活方式和思考模式。本节将深入探讨从早期火的发现到当代元宇宙构建的过程，通过对技术演变的全面考察，揭示技术如何引领并改变文明的进程。

1. 火：更多于物质的启蒙

1）基础需求的满足

火的发现不仅满足了古代人类的基本需求，如取暖、烹饪和照明，还扩展了古人类的生存环境。基于 Wrangham（2009）的研究，火的利用提高了食物的质量和营养消化率，降低了食源疾病的风险。此外，烹饪作为文化与技术活动，促使食物更易消化，释放更多的能量，可能对人类肠道和大脑的发展产生影响（Carmody & Wrangham，2009）。

2）社交与交流

围绕火堆的聚会成为古代人社交的方式，不仅加强了族群间的联系，还成为文化、语言、故事和知识传播的重要场所。根据 Levi-Strauss（1969）的结构主义理论，共同的文化实践，如围绕火的神话和仪式，构成了社会结构的基础。火的光明延长了夜晚活动的时间，可能促进了语言复杂性的发展，加强了社会网络的密切程度（Dunbar，1996）。

3）技术与思维的创新

火的利用推动了石器的进化和金属的提炼，同时促进了人类的思维和逻辑能力的培养。通过火的热处理技术，古人类提升了石器的品质（Brown et al.，2009），进入金属时代。这不仅是对物质属性的利用，也是对抽象思维和问题解决能力的一种体现（Mithen，1996）。控制火的能力预示着人类对自然规律的理解和适应，是科学思维的早期形式。

2. 工业革命与信息时代：巨大的社会变革

1）生产方式的变革

蒸汽机的出现催生了工业革命，显著提高了生产效率，引导人类社会从农耕社会走向工业社会。经济史学家 Eric Hobsbawm（1962）和 David Landes（1969）的研究表明，蒸汽机的发明标志着工业化时代的开始，极大地提升了生产效率，并促进了人类社会从农业主导向工业主导的转变。机械化生产促进了大规模生产和劳动力的专业分工，加速了都市化进程，引发了社会结构和社会阶层的演变。

2）信息传播与全球化

计算机和互联网的发展带来了信息时代，缩短了信息传播的时空距离，将世界连接成一个整体。信息时代的到来显著缩短了信息传播的时间和空间距离。信息科学家 Claude Shannon（1948）通过信息论为信息传递的效率提供了数学模型。社会学家 Manuel Castells（1996）

在其网络社会理论中探讨了互联网如何转变社会结构和权力动力学。互联网的普及不仅推动了信息的即时全球交流，而且促进了全球化进程，重塑了国际社会和文化的交互模式。

3）新经济模式与社会关系

这两大技术革命不仅改变了经济生产和分配方式，还对人的认知、社交方式和社会关系产生了深远的影响。技术变革不仅改变了经济生产和分配方式，还影响了人们的认知模式、社交方式和社会关系构建。社会学家 Anthony Giddens（1990）和 Zygmunt Bauman（2000）分析了现代社会结构的流动性如何带来社会关系的多元化和动态性。技术进步带来的生产关系的重组，如共享经济和数字经济，不仅改变了工作模式，也创造了新的社会阶层和经济实体。

3. 元宇宙：新的认知与交互维度

1）技术融合的产物

元宇宙融合了 VR、AR、AI、云计算等多种尖端技术，展现了技术发展的极致。通过将 AI 集成到虚拟环境中，可以创造出逼真的非玩家角色（NPCs），这些角色可以在模仿人类行为方面做到几乎不可区分。Minsky 的《情感机器》（Minsky，1986）探讨了 AI 在模拟人类情感和认知方面的潜力。

2）新的社会互动平台

元宇宙为人类提供了一个超越物理空间的互动平台，彻底颠覆了传统的交往方式，使人们能突破时间和空间的限制进行交互。元宇宙作为一种新的社会互动平台，提供了一种全新的社会存在形态，它让人们能超越传统物理空间的局限，体验异地共存。社会学研究已经开始探索元宇宙如何重塑人类的社交构架，Bourdieu 的社会场理论（Bourdieu，1984）可用来分析元宇宙中不同社会群体的动态和互动。

3）重新定义的现实

随着技术的进步，虚拟体验变得越来越逼真，对"现实"的定义和我们在现实与虚拟间的身份认知都提出了新的挑战。虚拟体验的逼真性模糊了现实世界与虚拟世界的界限。哲学家 Jean Baudrillard 在《模拟与仿真》（Baudrillard，1981）中讨论了现实与仿真的区分问题，对于理解在元宇宙中虚拟身份和实体自我的关系尤为重要。

这 3 个技术里程碑反映了人类文明在不同历史阶段的追求与挑战。从满足基本生存需求，到追求更高效的生产与交流，再到寻求超越物理限制的新体验，技术不仅是推动者，更是我们对世界理解和认知的镜子。未来的研究将继续揭示这些变革如何进一步塑造我们的社会和文化环境，以及它们对未来的潜在影响。跨学科的研究对于全面理解这些变化的深刻意义至关重要。

10.1.3　技术与文明交织：从物质到数字的重塑与定义

文明的演变与技术的发展始终紧密相连，从早期的实体生活到当今的数字时代，技术的崛起为文明的定义与内涵带来深刻的变革。本节通过对数字与实体的融合、全球性的文明连接以及元宇宙的探讨，旨在深入理解技术与文明相互交织的新格局。

1. 数字与实体的融合：对文明的重新诠释

1）数字化的延伸

元宇宙并非简单的虚拟空间，更是数字技术与实体文明的融合。通过增强现实技术，历史遗迹与数字信息相结合，创造了更丰富的体验。这一概念借鉴了 Bolter 和 Grusin 的"重塑/再媒体化"理论，强调了新媒体如何重新呈现旧媒体的内容。例如，"Google Arts & Culture"项目通过增强现实技术让用户以新的方式探索世界名画和历史遗址。

2）实体文明的数字镜像

在元宇宙中，城市、艺术和社交等元素可视为现实生活的数字反映，提供了全新的探索和互动平台。Lévy 的"虚拟空间"理论区分了虚拟现实与实际现实，将虚拟现实视为实际现实的扩展。城市、艺术品或社交场合在元宇宙中的再现可看作实体文明的数字化映射，为用户提供了从新角度认识现实的机会。

3）双向影响

虚拟空间中的行为和事件不仅受到现实文明的影响，反过来也对实体文明产生影响。社会学中的镜像效应理论可用于解释虚拟世界与现实世界的相互作用。虚拟世界中的行为和社交模式受到现实世界的影响，而这些元素也会重新影响实体世界，如在时尚和消费趋势上的体现。以 Fortnite 为例，虚拟时尚展示如何影响现实世界的时尚产业，甚至引领潮流。

2. 全球性的文明连接：超越传统界限

1）多元文化的融合

元宇宙作为无国界的交互平台，促进来自不同文化背景的人们之间的文化交流和融合。Appadurai 的"景观理论"解释了元宇宙如何成为各种文化景观的交汇融合场所，从技术、金融到媒体等。元宇宙为用户提供了一个体验全球多元文化的空间，通过文化节庆活动促进了跨文化理解和文化传播。

2）新的社交结构

在全球平台上，社交不再仅基于地域或种族，而是建立在兴趣、价值观和目标之上。Castells 的"网络社会理论"可用于解释社会结构从以组织为基础向以网络为基础的转变。元宇宙为人们提供了实践这一理论的环境，基于共同的兴趣和价值观建立社交网络。通过分析如 Discord 等社交平台，可以了解它们如何在元宇宙中促进兴趣和目标导向的社交结构的形成。

3）经济和政治的影响

全球性的文明连接对现实中的经济和政治也产生了影响，例如，元宇宙中的经济活动可能影响现实世界的货币政策和贸易规则。在讨论元宇宙对实体世界经济和政治的影响时，可以参照全球化经济学理论，如 Krugman 的"新贸易理论"分析虚拟经济活动如何影响实际货币政策和全球贸易规则。元宇宙中的交易和价值创造可能挑战传统的经济边界和政治管制。引入数字货币项目如"Facebook Libra（现改名为 Diem）"的案例，探讨其在尝试成为全球支付系统时所面临的政治和经济挑战。

3. 文明的迭代与未来：元宇宙仅是开始

1）不断的演进

技术的进步使得文明的定义和形态不断变化。借鉴 Toynbee 的文明分析框架以及 Huntington 对文明动态的研究，从最早的文字记录到现代数字化浪潮，观察到每项技术突破都重新定义了信息的传递、存储与处理方式，进而重塑了文明的面貌。

2）反思与前瞻

元宇宙的出现让我们重新思考文明的本质和目标，同时对未来的文明发展持有更大的期待。融合 Paul Ricoeur 关于记忆与历史的哲学理论，元宇宙不仅是技术创新，更是一面镜子，审视文明的过去和未来。数字化维度为我们提供了一个平行的观察视角，使得对物理空间的认识和利用被重新思考，预示着未来社会可能向更加数字化、虚拟化的方向发展。

3）新的挑战与机遇

尽管技术为我们开辟了新的文明发展路径，但也带来许多新的挑战，如数据隐私、虚拟经济的稳定性等问题。结合 Wiener 对技术使用的伦理学讨论及 Winner 关于技术与权力结构的分析，元宇宙可能带来的经济泡沫和资产虚拟化风险需要进行审慎监管，特别是在数据隐私领域，如何在促进经济增长的同时保障个人隐私成为一个关键问题。

综上所述，技术与文明的交融是一个古老而又永恒的主题。元宇宙作为新的历史节点，促使我们深入思考技术的力量和责任，以及文明的新定义和深刻意义。在这一过程中，学术的探索和思考为我们提供了宝贵的指引和启示，同时也提示我们要谨慎面对新兴技术带来的挑战。

10.2 元宇宙的潜力与风险：未来社会面临的挑战与机遇

当我们提到元宇宙，眼前往往浮现出一个充满无限可能的数字空间。然而，这一创新技术背后，同时伴随着希望与挑战。据经济学人与彭博社的深度报道，我们正处于一个充满变革与冲突的时代，而元宇宙正是其中的核心话题。多方面的学术研究为我们揭示了这一新兴领域的机会与风险。

10.2.1 技术的双刃剑

元宇宙作为当前技术前沿的代表，正在深刻地影响社交、经济和文化。然而，这种技术的进步带有双重性质，既有显著的优势，也存在潜在的风险。本节从社交的深度重塑、经济的新机遇与隐含的风险，以及文化的多元互鉴与同质化风险 3 方面探讨元宇宙技术带来的复杂影响。

1. 社交的深度重塑

1）社交的全球化与地理无关性

元宇宙实现了社交的全球化，消除了地理和文化的限制，推动了全球范围内的交流和互相了解。这符合 Castells 的"网络社会理论"，强调技术环境对社交结构的深刻影响。元宇宙通过创造一个无地理和文化障碍的环境，加速了全球社交网络的形成，促进了跨文化交流，符合 Urry 的"流动性"概念，即信息、人员和技术的流动对社会形态的重塑。

2）虚拟社交对现实交往的影响

虚拟社交的普及可能导致人们减少面对面的交流，增加现实中的孤立和社交焦虑。从社会心理学的角度，Putnam 的"孤独的保龄球"理论警告了社交结构的碎片化。虚拟社交应用如 Facebook 的 Horizon Workrooms 展示了虚拟社交如何扩展社交领域，但 Bailenson 的"虚拟现实疲劳"概念也提醒我们，长时间沉浸在虚拟现实中可能导致心理疲劳和社交倦怠。

3）虚拟现实社交应用的案例分析

在虚拟现实社交应用中，人们更愿意在虚拟空间内与陌生人互动，但这可能导致现实中的社交行为减少。这可通过经济学的"替代品效应"理论解释，即虚拟社交应用提供了对传统社交形式的替代选择。然而，这也需要跨学科研究深入了解虚拟社交应用对现实社交习惯可能产生的负面影响。

2. 经济的新机遇与隐含的风险

1）创新的经济形态

元宇宙为传统产业开辟了新市场，如虚拟房地产、数字艺术和虚拟时尚。这一经济创新可以通过 Schumpeter 的"创造性破坏"理论解释，认为技术创新是经济发展的核心驱动力。虚拟经济的形成与

Brynjolfsson 和 McAfee 提到的数字产品无边界特性密切相关。

2）经济的不稳定性

虚拟经济的泡沫化风险与金融经济学中 Minsky 的"金融不稳定性假说"呼应。虚拟资产的泡沫化和投机行为可能导致金融波动和非理性狂热，放大经济周期性。这需要我们关注虚拟经济的发展，并采取措施防范潜在的经济不稳定。

3）虚拟土地的投机案例

在某些元宇宙平台中，虚拟土地的投机热潮可能导致价格不稳定和市场崩溃。这一现象可通过经济学的"资产泡沫"理论解释，即投资者的过度乐观和羊群效应导致资产价格远高于其内在价值。当投资者对未来市场的期望不切实际时，就可能导致价格不稳定和市场调整。

3. 文化的多元互鉴与同质化风险

1）全球文化的融合

元宇宙为全球文化提供了共同的交流平台，促进了文化的多元互鉴。这符合 Tomlinson 的文化全球化理论，认为全球传播媒介使不同文化之间的相互理解和共享成为可能。元宇宙加速了文化资产的全球流动，有助于文化多样性的展现和全球文化共识的形成。

2）文化同质化

过度的文化融合可能导致文化同质化，威胁到地方文化的独特性。Hirst 和 Thompson 在全球化理论中提到的文化同质化挑战，强调全球化可能导致文化差异减少和主导文化的强化。在元宇宙中，虽然文化表现的多样性增加，但强势文化压倒弱势文化，可能导致多样性丧失。

3）传统艺术的数字化案例

元宇宙平台上的艺术家将传统艺术数字化，虽然提高了艺术品的传播性，但也可能导致原始文化背景淡化。这与 Walter Benjamin 的"光环消逝"概念相吻合，数字化可能削弱传统艺术品的文化价值和独特性。

总之，元宇宙技术以前所未有的速度推动着社会的发展，但也伴随着一系列挑战。在迎接这项新技术的同时，我们需要深入了解其复杂的影响，并制定策略来平衡技术的优势与风险，确保社会可持续发展。

10.2.2　元宇宙中的个体与共同体平衡：权益、治理与文化的构建

元宇宙作为一种新兴技术和社交现象，塑造着数字体验的未来。然而，其迅猛发展背后涌现了一系列与个体权益和共同体治理相关的问题。本节探讨了在元宇宙中保护和维护权益的挑战，以及如何在技术创新与伦理责任之间取得平衡。此外，还讨论了共同体的构建与文化碰撞的问题，以及社区治理的持续挑战。

1. 个体权益的挑战与应对

1）隐私与数据安全的关键性

在元宇宙中，海量数据的产生引发了隐私和数据安全的关切。追溯到沃伦和布兰迪斯的"隐私权"论文，隐私权的法律原则被认为至关重要。法规如 GDPR 提供了对数据保护的现代标准，而 ISO/IEC 27001 等安全标准为数据保护提供了技术规范框架。

2）侵权行为与法律制裁

随着虚拟与现实的交界逐渐模糊，如何在元宇宙中建立有效的法律制裁和技术防护机制变得紧迫。技术设计和法律监管需协同发力，构建清晰的管控机制和法律框架，类似网络空间的治理模式。

3）技术与伦理的平衡

元宇宙中的技术应用必须遵循伦理规范，确保其正面效应。哈贝马斯的沟通行动理论和诺斯鲍姆的"能力方法"提供了伦理决策的理论指

导，用于构建一个有利于伦理决策的元宇宙社交环境。

2. 共同体的构建与文化碰撞

1）公平与包容性的追求

在元宇宙中，确保每个成员能公平分享利益，同时保障多元文化的包容性是社区建设的核心。约翰·罗尔斯的正义理论和"无知之幕"原则以及"差异主义"理论为评估共同体内利益分配的公正性提供了理论支持。

2）经济利益与文化价值的权衡

元宇宙的经济价值和文化的维度同等重要。避免单一经济逻辑主导，同时兼顾各种文化价值的表达与交流是一个挑战。经济学中的"文化经济学"领域和创意城市的案例提供了平衡经济发展和文化繁荣的经验。

3）跨文化交流与冲突的应对

跨文化交流将加剧带来文化冲突的可能性。有效管理和解决这些冲突，通过交流促进文化融合，可借鉴文化交际学的理论，如霍夫斯泰德的文化维度理论和冲突解决理论。

3. 持续的社区治理与动态平衡

1）自治与中心化的平衡

一个成功的元宇宙社区可能是自治的，但需要强大的社区意识和共同的治理机制。在自治和中心化治理机制之间找到平衡可能需要借鉴奥斯特罗姆的共同体治理原则，特别是多层次治理和参与性决策的概念。

2）技术的辅助与制约

技术是元宇宙的基石，也是治理的关键。利用技术手段，如智能合约和区块链，可以帮助建立透明、公正的治理机制。然而，需避免技术滥用，确保不会加剧社区内的不平等。

3）持续反思与调整

元宇宙的变革速度快,要求社区治理持续反思和调整。复杂性理论和适应性系统理论提供了思考社区可持续发展和治理调整的框架。

总体而言,在元宇宙中平衡个体权益与共同体繁荣是一项重大任务。通过在隐私保护、法律制裁、技术伦理、文化包容、经济与文化平衡、跨文化交流和社区治理等方面寻找平衡,可以建立一个更加公正、包容、繁荣和可持续的元宇宙社区。

10.2.3 元宇宙中的创新与持续性探索:技术、道德与可持续性的交融

在当今数字化时代,元宇宙呈现为一个充满挑战的领域,不仅关乎技术的边界和可能性,更深层次地涉及技术创新与道德伦理的交融,以及对现实世界可持续性的考量。本节从技术的持续进步、对现实世界的可持续性考量,以及技术创新与道德伦理的平衡3方面展开论述。

1. 技术的持续进步与其重要性

1)技术作为元宇宙基石

技术在构建元宇宙中扮演着基石的角色,是未来发展的核心驱动。通过引用Bainbridge(2007)的技术融合理论,我们可以理解元宇宙技术整合的框架。该理论强调不同技术领域如虚拟现实、区块链和人工智能的交互作用,形成新的能力,这些能力是构建元宇宙不可或缺的。例如,虚拟现实技术的发展提高了沉浸感和交互性,对用户体验产生了深远影响。

2)技术的迭代与元宇宙的竞争力

在快速变化的技术生态中,元宇宙只有通过持续的技术迭代才能维持竞争力。Schumpeter(1942)的创新经济理论指出,技术创新是推

动经济增长和维持竞争力的关键。对于元宇宙而言，平台必须不断创新以保持市场地位，例如集成更高级的 AI 算法，提供更智能、个性化的用户互动体验。

3）技术与用户体验的关联

技术的进步直接影响用户在元宇宙中的体验。通过引用 Hassenzahl 和 Tractinsky（2006）的用户体验研究，我们认识到技术不仅需要关注功能性，还需要提供愉悦和满足感。在元宇宙中，技术的先进化，如图形渲染、数据处理和用户界面设计的提升，显著提升了用户的沉浸感和满意度。

2. 对现实世界的可持续性考量

1）元宇宙与现实世界的互动

尽管元宇宙是虚拟的，但其发展与现实世界的资源消耗、能源需求密切相关。引用联合国可持续发展目标（SDGs）提供了评估元宇宙影响的框架，特别在负责任的消费和生产（目标 12）方面。元宇宙对计算资源和能源的需求增加，与现实世界的资源消耗和能源需求形成紧密联系。

2）环境影响的深度分析

随着元宇宙用户数量的增长，对计算资源和能源的需求也随之增加。这对全球能源结构和环境会产生深远影响。通过引用 Krause 和 Tolaymat（2018）关于比特币挖矿活动的能源消耗，我们可以预见在元宇宙中类似的能源需求。此外，需考虑数据中心对能源的需求，以及其对全球能源结构的影响，包括再生能源转型的需求和可能的环境副作用。

3）社会效应与可持续性

除了环境影响，元宇宙还可能对社会结构产生各种效应，如就业结构的变化、经济形态的转型等。这需要在可持续性框架内进行深入考量。通过引用 Rifkin（2014）的《零边际成本社会》中的论述，我们认识到元宇宙可能导致经济和就业结构变化，这会对社会学中的技术决定论产生影响。

3. 技术创新与道德伦理的平衡

1）技术的"双刃剑"效应

技术进步可能带来正面和负面影响。在元宇宙中，虚拟现实技术的进步在提供沉浸式体验的同时，也带来隐私泄露和数据滥用的风险。通过引用 Langdon Winner 的《自主技术》中的技术伦理问题，我们强调技术发展与社会价值之间的紧密联系。

2）伦理框架的构建与实践

在追求技术极致的同时，必须建立清晰的伦理框架，确保技术在符合道德和伦理的基础上发展。基于康德的道德法则和 Beauchamp 与 Childress 的四个基本伦理原则，如尊重自主性、不伤害、行善和正义，我们可以实施最小化、透明度和公正性等原则来处理用户数据，确保技术的道德伦理得以落实。

3）持续的伦理教育与反思

只有通过持续的伦理教育与反思，元宇宙在创新道路上才能保持道德正轨。引入案例研究，如剑桥分析公司的数据丑闻，有助于技术从业者更深刻地理解技术滥用的后果，促使他们在设计和实施技术时更加关注伦理影响。

综上所述，元宇宙的发展是一个多维度、综合考量的复杂问题，既涉及技术创新，也关乎对现实世界的责任和伦理的坚守。在全球可持续性的背景下，对元宇宙的持续探索和创新，必须以高度的技术、伦理和可持续性标准为依托。

10.3 共生与进化：探索与元宇宙共同成长的新文明模式

进入元宇宙时代，我们仿佛站在一个新的历史起点。经济学人与彭博社的深度分析均指出，这一数字空间不仅代表了技术的跃进，更意味着人类文明的新篇章。各领域的学术研究与实践也为我们揭示了元宇宙所带来的深刻变革与无限可能。

10.3.1 元宇宙中的人机协同进化：探索交互、智能辅助与伦理纽带

在元宇宙这个技术与人类文化交汇的前沿领域，人与机器之间的关系正在日益深化，不再局限于简单的互动，而是演变为一种深度的协同进化。然而，这背后涉及如何确保技术与人类在道德和伦理上共生，是一个巨大的挑战。

1. 和谐共生的内涵与挑战

1）持续的人机互动

元宇宙为人与机器提供了无缝的交互平台，不仅包括简单的操作，更体现在深度学习和情感计算等领域。在设计人机互动时，Don Norman 的"用户中心设计"理论提供了有力的指导，强调人机互动设计应关注用户的体验和需求。机器学习和情感计算的进步使机器能更好地理解和响应人类的需求，甚至识别和响应用户的情感状态，如情感计算领域的先驱 Rosalind Picard 所强调的。

2）人机关系的再定义

在元宇宙中，机器不再仅是工具，而是逐渐演变为合作伙伴，甚至可能成为社交伙伴，与人类共享数字空间，共同参与各种活动。这代表

了人机互动模式从"工具使用"逐步转向"协作伙伴"模式的演变。哲学家 Andy Clark 和 David Chalmers 的"外部主义"理论认为，认知活动可以扩展到人类思维之外的物理实体，这在元宇宙环境中可以理解为人类用户与 AI 角色之间的互动，将 AI 角色视为认知过程的一部分，而非被动的工具。

3）案例分析

一些先进的元宇宙平台已经实现了 AI 角色与人类玩家的深度互动，这些 AI 角色不仅能响应玩家的需求，还能通过学习和进化形成更为真实的社交体验。在这方面，Second Life 等平台展示了 AI 角色通过机器学习算法适应玩家行为的可能性。这种适应性和进化性在 Sherry Turkle 的作品中得到广泛讨论，她提出计算机作为社交演员的概念，并探讨了人机交互中的"共情"能力。

2. 智能辅助的益处与风险

1）超越人类的局限

借助 AI 和机器学习，人类在元宇宙中获得前所未有的能力，包括实时数据分析、高效决策支持，以及基于大数据的创意产出。智能辅助技术被认为能扩展人类的认知边界，这与 David C. Krakauer 提出的"认知工具"概念相吻合，即人类使用工具增强或延伸其心智能力。通过AI 和 ML，元宇宙中的用户能处理和分析比人类大脑更为庞大和复杂的数据集，符合 J.C.R. Licklider 在人机共生方面的预见。

2）人类角色的转变

在智能辅助下，人类的角色发生了变化，从传统的执行者变为决策者，更多地依赖机器处理复杂的任务。这引发了社会角色的变化，与Daniel Bell 在《后工业社会》中讨论的信息技术引起的社会结构变革相呼应。在元宇宙中，人类的角色从执行者演变为策略规划者和创意思考者，这对教育、职业训练和工作市场带来深远影响。

3）案例分析

在某些元宇宙经济模拟游戏中，玩家可以利用 AI 助手进行市场分析，预测价格走势，做出更为明智的投资决策。然而，智能辅助技术的广泛应用也带来了风险和伦理挑战，包括个人隐私泄露、算法偏见、决策不透明性，以及对人类工作者的替代。Luciano Floridi 等强调，需要适当的伦理框架指导 AI 技术的设计和应用，以确保其符合社会价值和道德标准。

3. 伦理与道德的核心问题

1）机器的决策边界

随着机器在元宇宙中的决策能力增强，如何定义其决策的边界，确保其不会违反伦理和道德，成为一个关键问题。Luciano Floridi 的信息伦理学为我们提供了一个理解和定义机器决策边界的框架，强调信息尊严原则和自主系统的伦理决策。这包括 Asimov 的机器人三大定律和 Wallach 与 Allen 提出的道德机器理论，需要在自适应学习算法中引入道德约束，如强化学习。

2）人机共同的伦理框架

在元宇宙中，人与机器需要共同遵循一套伦理和道德规范，需要从多学科视角构建这套规范，包括计算机伦理学、社会学、认知科学和法律。机器学习算法的设计和部署需考虑 Rawls 的正义理论，特别是"无知之幕"原则，以确保公平考虑所有个体的福祉。在技术实现层面，需要引入合适的技术监管机制，如道德算法审核和伦理影响评估，以确保技术应用符合伦理标准。算法公平性的概念可用于构建和评估这些伦理框架。

3）案例分析

在某些元宇宙中，AI 角色因自主学习能力而展现出与玩家不符的行为模式，引起玩家对 AI 行为伦理的深入讨论。AI 行为的伦理影响可以通过案例分析深入研究，例如，在在线平台上模拟人类行为时，可能会无意中编入偏见，使 AI 表现出种族或性别歧视的倾向，反映了 Barocas 和 Selbst 关于机器学习中无意偏见的研究。在元宇宙中，AI 角色可能因复杂的交互和自主学习能力而出现非预期行为，例如微软的聊天机器人 Tay 和 Facebook 的 BlenderBot 等案例强调了强化学习系统在缺乏适当伦理约束时的潜在风险。

综合以上讨论，元宇宙中的人机协同进化不仅是技术上的挑战，更是伦理、文化和社会学的重要议题。在这个新的领域中找到人与机器之间的平衡，需要跨学科的合作和持续探索。只有通过深刻理解和明智引导人机关系，我们才能在元宇宙的发展中取得可持续而有益的进展。

10.3.2　元宇宙的深度探索：社会、文化与技术三者交织的复杂影响

在数字化进程日益加速的当下，元宇宙已不仅是一个技术概念，它深深地嵌入我们的社会结构和文化语境之中，作为一个交织的整体来影响人类的行为和思考。本节将以学术视角，结合综述论文中的理论与实证，对元宇宙中社会、文化与技术的交融进行深入分析。

1. 文化的数字化演进

1）传统文化的保存与再生

元宇宙为传统文化提供了新的生存空间，通过联合国教科文组织的文化遗产保护理论，数字技术在保存有形和无形文化遗产中发挥着关键作用。采用 3D 扫描和增强现实技术，元宇宙中的传统文化得以以全新的数字形态存在，如虚拟博物馆和在线展览，增强了传统文化的可访问

性和参与性。

2）数字元素的融入

数字元素的融入使传统文化与新兴的数字文化相融合,不仅形式上变革,更注入了内容、思维和审美的交融。数字人文学作为跨学科领域,通过数字工具和方法对文化和社会在数字化转型中的演变进行研究。在元宇宙中,数字元素的融入允许文化形式变得更加互动和沉浸式,推动了传统文化的表达和体验的丰富。

3）案例剖析

以古老的中国书法与现代数字艺术相结合为例,采用"数字孪生"概念,通过数字化创建物理实体的精确虚拟副本,创造出交互式的新艺术形式。这种融合不仅在形式上独具特色,更在内涵上进行了深度的探索和创新,为传统文化注入了数字时代的活力。

2. 技术驱动下的社会变革

1）社交的重塑

技术使得社交方式发生了根本性的变化,从面对面交往转向虚拟空间的互动,为人际关系建立和维护带来新的挑战与机遇。计算机中介沟通(CMC)理论与社会资本理论相结合,探讨虚拟互动如何影响社会关系的建立和维持。社交媒体的出现改变了人们的互动模式和社会结构,这在网络社会理论中得到了详细阐述。

2）经济与教育的变革

技术使得虚拟经济成为可能,数字货币、区块链技术和数字艺术品的兴起改变了传统经济模式。数字经济的概念涵盖信息技术对传统经济模式带来的变革,数字货币和区块链的应用提供了去中心化金融的新模式。在教育领域,连接主义学习理论通过MOOC和虚拟现实教学环境的应用,为学习提供了更大的灵活性。

3）政治的新挑战

技术对政治的影响深远，网络政治理论探讨了信息技术如何重塑公民参与和政治沟通。技术的进步为新形式的公民参与提供了平台，如社交媒体在政治运动中的使用。电子治理概念体现了技术如何改进政府服务，提高透明度，但也伴随着数字鸿沟和网络监控等挑战，这些问题在数字民主化的学术讨论中广泛探讨。

3. 元宇宙的多元与包容

1）跨文化的交流与合作

元宇宙的开放性为不同文化背景的人们提供了共同的平台，促使跨文化交流和合作。跨文化交流理论探讨了不同文化之间的交流和互动，超越了物理空间的限制。元宇宙作为新兴的数字平台，为这种跨文化交流提供了独特的实验场所。

2）社会的多元进化

元宇宙推动了社会的多元进化，不同的思想和观念得以广泛传播，为社会的进步和发展提供了新的动力。社会学中的多元性理论，如多元文化主义，认为社会的健康和繁荣依赖于不同群体之间的互相理解和尊重。元宇宙社区的多元进化也可通过"文化混合"理论来分析，描述了不同文化元素如何融合和创造出新的形式。

3）案例剖析

在元宇宙的某一社群中，东方哲学与西方科学得以交融，形成一种新的思考模式。通过建立虚拟禅宗花园与西方的量子物理学讨论区相结合，创造了一个探讨"现实本质"的新平台。这种交流不仅为哲学和科学之间的对话打开了新的可能性，也为解决现实世界的复杂问题提供了新的视角和方法。

综上所述，元宇宙不仅是技术的集大成，更是文化与社会的融合体。

在这个复杂的系统中,技术、文化与社会三者交织,共同影响人类的行为和思考。在未来的研究中,需要持续探讨如何在这样一个系统中找到平衡与和谐,以实现元宇宙的可持续发展。

10.3.3　元宇宙视域下的未来愿景:技术创新、伦理挑战与人类命运

在数字化时代的浪潮中,元宇宙的崛起不仅是技术演进的产物,更是人类文明未来走向的预示。它既孕育着巨大的创新潜力,也蕴含着深刻的挑战,迫使我们深刻思考和引导这场历史性的变革。从更为广泛的视角看,元宇宙为我们勾勒了一个共同的未来愿景,但实现这一愿景需要我们在技术、伦理和文化等多个层面上进行深入思考与探索。

1. 元宇宙与无限的创新潜力

1)跨学科的融合

元宇宙不仅是技术进步的结果,更是艺术、社会学和经济学等多学科的交汇。从学术角度看,元宇宙体现了 Buchanan 的"边缘地带"理论,倡导不同学科间的交流与合作。Rogers 的创新扩散理论提示我们,新技术的广泛应用依赖于社会系统内个体之间的有效交流。元宇宙作为一种新平台,涵盖科学、艺术和社会科学的交叉,这体现了 Lévy 的"集体智慧"理念,即通过协作和知识分享实现的集体智慧可推动知识的增长和创新。

2)超越现实的实验场

在元宇宙中,我们可以进行各种超越现实限制的实验,模拟复杂的社会现象和探索新的经济模式。元宇宙为科学研究和创意产出提供了无限的可能性。这里体现了 Baudrillard 的"超现实"概念,用户可以创造并体验一种超越物理限制的现实。Benkler 的"去中心化的个人生产"

在这里得到了实践,通过代理模型和系统动力学等复杂系统理论,研究者可以在元宇宙中模拟社会行为和经济活动。

3)案例展望

未来,我们可以在元宇宙中模拟一个完整的城市生态系统,为新的城市规划理念提供实验场所。这种虚拟环境中的实验可以无风险地测试各种城市发展的假设,无须担忧现实中的实施风险或道德限制。这种虚拟城市实验室可以成为城市规划者和研究者共同探讨创新理念的平台,深化对城市复杂性和可持续性的理解。

2. 挑战与机遇:元宇宙的双面性

1)技术难题与伦理困境

元宇宙的建构面临技术难题和伦理困境。技术方面,包括虚拟现实、区块链等前沿技术的发展,以及人机交互和数据隐私等方面的具体挑战。伦理层面,信息隐私、身份认证、知识产权等问题与虚拟现实和增强现实相关。区块链技术作为基础设施,其去中心化和匿名性引发了一系列伦理和监管问题,如监控和隐私侵犯。

2)经济变革与社会冲击

元宇宙的出现正在逐步改变经济结构和运行方式,可能引发劳动力结构、商业模式等方面的变革,对现实社会产生了深远影响。经济社会层面,元宇宙可能引发产业变革,促使市场和就业形态发生深刻变化,可能逐步实现 Rifkin 所描述的零边际成本社会。此外,元宇宙可能催生 Piketty 所关注的新型不平等问题。

3)案例探讨

例如,虚拟土地的拍卖为元宇宙经济注入活力,但涉及的土地所有权、虚拟与现实的价值关系等问题需要深入探索。这涉及"代码即法律"问题,即技术基础设施如何形成新的治理结构。关于虚拟土地拍卖,还需要解决现实与虚拟财产法律地位及其交易准则的问题,包括如何确立和认可所有权。De Filippi 和 Wright 在《区块链与法》中讨论了区块链如何用于确权和治理,这对于元宇宙中资产的交易至关重要。

3. 勇敢迈向共同的未来

1)人类与技术的协同演进

在元宇宙的新文明纪元中,人类需要与技术共同进化,积极寻找与技术和谐共生的方式。合作演化理论认为,技术和人类社会是在互动中共同发展的。元宇宙作为新技术的集合体,要求我们借鉴和发展"外部主义"和"心智扩展"理论,将技术工具视为人类认知的延伸,以主动塑造人类-技术的共生关系,而不是仅作为技术的消费者。

2)共建开放、多元的未来社会

元宇宙提供了一个开放的平台,鼓励各种文化、价值观在其中碰撞、交融,共同塑造一个多元、包容的未来社会。在元宇宙中,不同文化的融合提供了实践 Bhabha 的"第三空间"概念的机会,这个空间超越了传统的边界和定义。Appadurai 的"文化流动"概念适用于元宇宙,促进了信息、技术和人群在全球范围内的流动和互动,推动了价值观、想法和创意的全球交流。

3)案例思考

在元宇宙中,某社群成功模拟了一个无国界的国家,成员来自全球各地,他们共同制定法律、管理经济、参与决策,为我们在现实中建立更加和谐、公正的社会提供了有益的启示。这种无国界国家的模拟体现了"数字民族国家"理念的实践,符合 Benedict Anderson 的"想象共同体"理论。元宇宙的环境中,社群成员通过共同参与治理和决策,实现了 Ostrom 对于公共资源管理的"多层治理"原则。这个案例向我们展示了如何运用这些治理原则设计现实世界中更加民主、平等的社会结构。

综上所述，元宇宙为人类揭示了一个充满无限可能的未来，但同时也提出了一系列严峻的挑战。如何在这一全新的文明纪元中找到与技术的和谐关系、实现文化和经济的共同进步，将是人类未来的重要课题。随着元宇宙的出现，我们的文明似乎站在了新的交叉点上。在这个交织着技术、文化和社会的空间中，我们既面临挑战，也拥有无限的机会。唯有坚守道德与伦理，勇于探索与创新，我们才能在这个新的文明纪元中绽放光芒。

参考资料